Physikalisch-chemische Rechenaufgaben

von

Dr. Erik Asmus

o. Professor an der Technischen Universität Berlin

Vierte, verbesserte Auflage

Sammlung Göschen Band 445

Walter de Gruyter & Co · Berlin 1967

vormals G. J. Göschen'sche Verlagshandlung · J. Guttentag Verlagsbuchhandlung · Georg Reimer · Karl J. Trübner · Veit & Comp.

—Archiv-Nr. 77 60 673.— Druck: W. Hildebrand OHG, Berlin 65. — Printed in Germany.

Inhaltsverzeichnis

Literatur

1. *W. Schulze*, Allgemeine und physikalische Chemie I und II, 6. Aufl., Samml. Göschen, Bd. 71 und 698/698a. (Berlin 1964, 1966.)
2. *J. Eggert, L. Hock* und *G.-M. Schwab*, Lehrbuch der physikalischen Chemie in elementarer Darstellung, 8. Aufl. (Stuttgart 1960.)
3. *A. Eucken* und *E. Wicke*, Grundriß der physikalischen Chemie, 10. Aufl. (Leipzig 1959.)
4. *H. Ulich* und *W. Jost*, Kurzes Lehrbuch der physikalischen Chemie, 14. u. 15. Aufl. (Darmstadt 1963).
5. *R. Brdička*, Grundlagen der physikalischen Chemie, 5. Aufl. (Berlin 1965.)
6. *E. Asmus*, Einführung in die höhere Mathematik und ihre Anwendungen, 4. Aufl. (Berlin 1963.)
7. *Küster—Thiel—Fischbeck*, Logarithmische Rechentafeln. 94. bis 99. Aufl. (Berlin 1965.)

Zusammenstellung der in den Aufgaben verwendeten Gesetze und Formeln

Unter einem idealen Gase versteht man ein solches, dessen Druck p, Volumen v und absolute Temperatur T ($T = 273{,}2 + t$, wenn t die Temperatur in °C ist) nach der Gleichung

(1) $$pv = nRT$$

zusammenhängen, wenn n die im Volumen v enthaltene Molzahl und R die Gaskonstante sind. Letztere hat je nach Wahl der Maßeinheiten folgende zahlenmäßige Größe:

$$R = 8{,}313 \cdot 10^7\, erg/_{°C} = 0{,}08204\, lAtm/_{°C} = 1{,}986\, cal/_{°C}.$$

Betrachtet man nur *ein* Mol eines idealen Gases, so lautet Gleichung (1), wenn V das Molvolumen bedeutet,

(2) $$pV = RT.$$

Bei einem Gemisch mehrerer idealen Gase, die sich in einem Raum mit dem Volumen v befinden, gilt Gleichung (1) für jedes Gas einzeln. Sie lautet dann für das i-te Gas

(3) $$p_i v = n_i RT,$$

wobei p_i den Partialdruck und n_i die Molzahl des i-ten Gases bedeuten. Für das gesamte Gasgemisch gilt, wenn p der Gesamtdruck ist,

(4) $$pv = (p_1 + p_2 + p_3 + \ldots)\, v$$
$$= (n_1 + n_2 + n_3 + \ldots)\, RT,$$
$$\Sigma p_i \cdot v = \Sigma n_i \cdot RT.$$
$$p = \Sigma p_i.$$

Bei isothermen Volumenänderungen eines idealen Gases gilt die Gleichung

(5) $$pv = \text{const},$$

bei adiabatischen

(6) $$pv^{\varkappa} = \text{const},$$

wobei $\varkappa = \frac{C_p}{C_v}$ das Verhältnis der Molwärmen bei konstantem Druck und konstantem Volumen ist.

Ein *van der Waals*sches Gas besitzt eine Zustandsgleichung der Form

(7) $$\left(p + \frac{a}{V^2}\right)(V - b) = RT.$$

a und b sind konstante Größen und stehen in Beziehung zu den kritischen Daten des Gases

(8) $$p_{kr} = \frac{a}{27\,b^2},\ V_{kr} = 3\,b,\ T_k = \frac{8a}{27\,Rb}.$$

Die Arbeit, die man leisten muß, um ein Gas vom Anfangsvolumen v_1 auf ein Endvolumen v_2 zu komprimieren, ist

(9) $$A = -\int_{v_1}^{v_2} p\,dv.$$

Die Zunahme des Wärmeinhaltes (der Enthalpie) ΔH und diejenige der Entropie ΔS bei der Erhöhung der abs. Temperatur von T_1 auf T_2 sind bei einem Körper pro Mol gegeben als

(10) $$\Delta H = \int_{T_1}^{T_2} C_p\,d\,T \quad \text{und} \quad \Delta S = \int_{T_1}^{T_2} \frac{C_p}{T} dT.$$

Der Zusammenhang zwischen dem Dampfdruck einer Flüssigkeit und der Temperatur wird durch die Differentialgleichung von *Clausius* und *Clapeyron* gegeben

(11) $$\frac{d\,ln p}{d\,T} = \frac{L_d}{RT^2}.$$

L_d ist die molare Verdampfungswärme (Verdampfungsenthalpie). Ist diese konstant, so lautet die integrierte Gleichung (11)

$$(12) \qquad ln \frac{p_1}{p_2} = \frac{L_d}{R}\left(\frac{1}{T_2} - \frac{1}{T_1}\right).$$

Die Änderung der molaren Verdampfungswärme mit der Temperatur hängt nach *Kirchhoff* mit der Differenz der Molwärmen des verdampfenden Stoffes im gasförmigen und flüssigen Zustande zusammen nach der Gleichung

$$(13) \qquad \frac{dL_d}{dT} = C_{p\,gas} - C_{p\,fl}.$$

Die Löslichkeit eines Gases in einer Flüssigkeit ist nach *Henry* proportional dem Partialdruck des Gases über der Flüssigkeit.

Für die Abhängigkeit der Löslichkeit von der Temperatur gilt die Beziehung

$$(14) \qquad \frac{d\,ln\frac{x_i}{p_i}}{dT} = \frac{L_l}{RT^2}.$$

x_i ist der Molenbruch des gelösten Gases, L_l die Lösungswärme. Letztere wird positiv gezählt, wenn sie dem System zugeführt werden muß.

Zeichnet man für zwei teilweise mischbare Flüssigkeiten die Werte der gegenseitigen Löslichkeiten in einem Diagramm für verschiedene Temperaturen ein, so liegen nach *Cailletet* und *Mathias* die zu einer bestimmten Temperatur gehörenden Löslichkeitsmittelwerte auf einer Geraden. Diese schneidet die Löslichkeitskurve bei demjenigen Wert, der für die kritische Lösungstemperatur gilt.

Verteilt sich ein löslicher Stoff zwischen zwei miteinander nicht mischbaren Lösungsmitteln, so gilt für die Konzentrationen c_1 und c_2 in den beiden Lösungsmitteln der Verteilungssatz von *Nernst*

$$(15) \qquad \frac{c_1}{c_2} = \text{const}.$$

Bildet der gelöste Stoff in dem ersten Lösungsmittel Mehrfachmolekeln (Aggregate aus n Molekeln), so lautet der Verteilungssatz

$$(16) \qquad \frac{c_1}{c_2^{\mathrm{n}}} = \mathrm{const}\,.$$

Die Dampfdruckerniedrigung einer Flüssigkeit, die durch Auflösung eines nichtflüchtigen Stoffes entsteht, ist

$$(17) \qquad \Delta p = p_0 \frac{n}{N+n}\,.$$

p_0 ist der Dampfdruck des reinen Lösungsmittels, N dessen Molzahl, n die Molzahl des Gelösten.

Die Gefrierpunktserniedrigung einer Flüssigkeit durch einen gelösten nichtflüchtigen Stoff ist

$$(18) \qquad \Delta T_f = \frac{n}{N+n} \cdot \frac{R T_f^2}{L_f}\,.$$

T_f und L_f sind Schmelztemperatur und molare Schmelzwärme (Schmelzenthalpie) des Lösungsmittels vom Molekulargewicht M. Für verdünnte Lösungen lautet die Gleichung (18)

$$(19) \qquad \Delta T_f = c \frac{R T_f^2 M}{1000\, L_f}\,.$$

c ist die Konzentration des Gelösten in Mol/1000 g Lösungsmittel.

Für die Siedepunktserhöhung gelten entsprechende Gleichungen. An Stelle von T_f und L_f treten T_k und L_d, Siedetemperatur und molare Verdampfungswärme (Verdampfungsenthalpie) des reinen Lösungsmittels.

Die *Trouton*sche Regel sagt aus, daß die molare Verdampfungsentropie einen Wert von etwa 22 hat.

$$(20) \qquad \frac{L_d}{T_k} \approx 22\,.$$

Die Regel von *Eötvös* sagt aus, daß die Oberflächenspannung σ einer Flüssigkeit mit der Dichte ρ, dem Molekulargewicht M, der kritischen Temperatur t_{kr} und der Versuchstemperatur t nach der Gleichung

(21) $$\sigma\left(\frac{M}{\rho}\right)^{2/3} = k\,(t_{kr} - 6 - t)$$

zusammenhängt. k ist eine Konstante, die den Wert von etwa 2.1 hat.

Die an einem festen Körper bei konstanter Temperatur adsorbierte Menge a eines Gases ist nach *Langmuir* vom Druck p nach der Gleichung

(22) $$a = a_\infty \cdot \frac{p}{p + k}$$

abhängig. a_∞ und k sind Konstanten.

Nach *Freundlich* ist a gegeben als

(23) $$a = C\,p^n\,,$$

wenn C und n zwei Konstanten sind.

Diffundiert ein gelöster Stoff von Orten hoher Konzentration nach Orten niederer Konzentration, so ist nach *Fick* die pro Sekunde durch einen Querschnitt F wandernde Stoffmenge proportional dem Querschnitt und dem Konzentrationsgefälle

(24) $$\frac{dm}{dt} = DF\left(-\frac{dc}{dx}\right)$$

D ist der Diffusionskoeffizient.

Der osmotische Druck π einer verdünnten Lösung hängt von der molaren Konzentration $\frac{n}{v}$ nach der Gleichung von *van't Hoff*

(25) $$\pi = \frac{n}{v} R T$$

ab.

Der osmotische Koeffizient f_0 ist definiert als

(26) $$f_0 = \frac{\Delta T_{exp}}{\Delta T_{theor}}\,.$$

ΔT_{exp} und ΔT_{theor} bedeuten die experimentell bzw. klassisch theoretisch ermittelten Werte der Gefrierpunktserniedrigung oder Siedepunktserhöhung. ΔT_{theor} hat dabei den Wert

(27) $$\Delta T_{theor} = icE.$$

c bedeutet die molare Konzentration, i die Anzahl Ionen, in die die Elektrolytmolekel in der Lösung zerfällt, und E ist die kryoskopische bzw. ebullioskopische Konstante.

Die Geschwindigkeit eines monomolekularen Zerfalls wird bei konstanter Temperatur durch die Gleichung

(28) $$-\frac{d(a-x)}{dt} = \frac{dx}{dt} = k(a-x)$$

bestimmt.

Bei einer bimolekularen Reaktion gilt entsprechend

(29) $$-\frac{d(a-x)}{dt} = \frac{dx}{dt} = k(a-x)(b-x)\,.$$

a und b sind die Anfangskonzentrationen der reagierenden Stoffe, x die umgesetzte Konzentration des einen Stoffes, k die Reaktions-Geschwindigkeitskonstante und t die Zeit.

Ausintegriert ergeben die Differentialgleichungen (28) und (29) bei der monomolekularen Reaktion

(30) $$x = a(1-e^{-kt}),\quad a-x = ae^{-kt};$$

bei der bimolekularen Reaktion

(31) $$t = \frac{1}{k}\cdot\frac{1}{b-a}\cdot ln\frac{a(b-x)}{b(a-x)}\,.$$

Die Reaktions-Geschwindigkeitskonstante ist temperaturabhängig. Nach *Arrhenius* gilt

(32) $$\lg k = \lg k_m - \frac{{}^AE}{4{,}575\,T}\,.$$

k_m ist die aus der Stoßzahl berechnete, maximale Geschwindigkeitskonstante. $\lg k_m$ ist der Häufigkeitsexponent. ${}^AE$ die Aktivierungsenergie.

Reagieren z. B. vier Stoffe A, B, A' und B' miteinander nach der Gleichung

$$n_1A + n_2B \rightleftarrows n'_1A' + n'_2B',$$

so besteht zwischen den Gleichgewichtskonzentrationen (eigentlich Gleichgewichtsaktivitäten) der vier Stoffe nach dem Massenwirkungsgesetz von *Guldberg* und *Waage* die Beziehung

(33)
$$\frac{c_{A'}^{n'_1} \cdot c_{B'}^{n'_2}}{c_A^{n_1} \cdot c_B^{n_2}} = K_c .$$

K_c **ist die Gleichgewichtskonstante.**

Sind einige der reagierenden Stoffe fest, so sind ihre Konzentrationen in Gleichung (33) wegzulassen. Sind z. B. *A* und *A'* fest, so lautet die Gleichung (33)

(34)
$$\frac{c_{B'}^{n'_2}}{c_B^{n_2}} = K_c .$$

Handelt es sich um Gasreaktionen, so können statt der Konzentrationen zur Aufstellung einer Gleichgewichtsbeziehung die Gleichgewichtspartialdrucke der reagierenden Gase verwendet werden. Die Gleichung (33) erhält dann die Form

(35)
$$\frac{p_{A'}^{n_1'} \cdot p_{B'}^{n'_2}}{p_A^{n_1} \cdot p_B^{n_2}} = K_p .$$

Zwischen den Gleichgewichtskonstanten K_c und K_p besteht die Beziehung

(36)
$$K_c = K_p \, (R\,T)^{\Sigma n - \Sigma n'}$$

Die Gleichgewichtskonstanten K_c und K_p sind temperaturabhängig. Ihre Änderung mit der Temperatur wird durch die Differentialgleichungen

(37)
$$\frac{d\, ln K_c}{d\,T} = \frac{\Delta_R\, U}{RT^2} = -\frac{W_v}{R\,T^2}$$

und

(38)
$$\frac{d\, ln K_p}{d\,T} = \frac{\Delta_R\, H}{RT^2} = -\frac{W_p}{R\,T^2}$$

beschrieben.

W_v und W_p, die bei einer Gasreaktion nach

(39)
$$W_p = W_v + R\,T\,(\Sigma n - \Sigma n')$$

zusammenhängen, sind die Wärmetönungen der Reaktion bei konstantem Volumen und konstantem Druck, $\Delta_R U$ und $\Delta_R H$ bedeuten die Reaktionsenergie bzw. -enthalpie.

Die Temperaturabhängigkeit der Wärmetönungen W_v und W_p ist nach *Kirchhoff* gegeben durch die Differentialgleichungen

$$\frac{dW_v}{dT} = \Sigma n C_v - \Sigma n' C'_v \tag{40}$$

und

$$\frac{dW_p}{dT} = \Sigma n C_p - \Sigma n' C'_p \,. \tag{41}$$

C_v und C_p sind die Molwärmen der Ausgangsstoffe bei konstantem Volumen und konstantem Druck, C'_v und C'_p die entsprechenden Größen der Endprodukte.

Die Affinität (freie Reaktionsenthalpie $\Delta_R G$) einer Gasreaktion, die nach der Gleichung

$$n_1 A + n_2 B \rightleftarrows n'_1 A' + n'_2 B'$$

verläuft, ist gegeben als

$$A_{rev} = \Delta_R G = RT\,(ln\,\Phi_p - ln\,K_p), \tag{42}$$

wenn

$$\Phi_p = \frac{P_{A'}^{n'_1} \cdot P_{B'}^{n'_2}}{P_A^{n_1} \cdot P_B^{n_2}}$$

bedeutet. P_A, P_B, $P_{A'}$ und $P_{B'}$ sind die Ausgangspartialdrucke der vier reagierenden Gase.

Ist A_{rev} negativ, so müssen sich mehr Endprodukte bilden, die Hinreaktion verläuft freiwillig. Bei positivem A_{rev} bilden sich in freiwillig verlaufender Rückreaktion die Ausgangsstoffe.

Dringt monochromatisches Licht mit der Intensität I_0 in eine Lösung der molaren Konzentration c von der Schichtdicke d ein, so besitzt es nach Passieren dieser Schicht nur noch die Intensität I

$$I = I_0 \cdot 10^{-\varepsilon c d} \quad \text{(Gesetz von \textit{Lambert-Beer})}. \tag{43}$$

ε ist dabei der molare Extinktionskoeffizient. Das Produkt $\varepsilon c = m$ heißt Extinktionsmodul.

$$\lg\frac{I_0}{I} = \varepsilon c d = m d = E$$

ist die Extinktion.

Bei der Untersuchung geschwärzter photographischer Platten läßt man weißes Licht der Intensität I_0 in die geschwärzte Schicht eindringen und beobachtet die infolge Passierens der Schicht geschwächte Intensität I.

$$\lg\frac{I_0}{I} = S$$

nennt man die Schwärzung.

Gleiche Schwärzungen werden nach dem *Bunsen-Roscoe*schen Reziprozitätsgesetz durch gleiche Werte des Produktes aus Belichtungsintensität und Belichtungszeit hervorgerufen. Abweichungen vom Reziprozitätsgesetz können durch den *Schwarzschild*-Exponent erfaßt werden.

Aufgaben

Aufgabe 1. Eine gewisse Stickstoffmenge, die bei 18° C und 1 Atm. Druck einen Raum von 1000 *l* einnimmt, ändert nach Messungen von *Amagat* beim Übergang zu höheren Drucken ihr Volumen so, wie es die Tabelle angibt. Ist N_2 ein ideales Gas?

p Atm.	1,0	46,5	62,0	80,6	123,4	208,6	290,9
v Lit.	1000	21,24	15,90	12,25	8,10	5,04	3,86

Aufgabe 2. 0,5 g Kalkspat werden in einem evakuierten Kolben, der einen Rauminhalt von 1,5 l besitzt, auf 800° C erhitzt. Wieviel Gramm $CaCO_3$ liegen dann noch vor, wenn der Gleichgewichtsdruck des beim thermischen Zerfall des $CaCO_3$ gebildeten Kohlendioxids der Gleichung

$$\lg p = -\frac{9340}{T} + 1{,}1 \lg T - 0{,}0012\, T + 8{,}882$$

gehorcht?

Aufgabe 3. Durch optische Messungen wurde festgestellt, daß bei $t = 49{,}7°$ C und $p = 182{,}7$ Torr N_2O_4 zu 68% in NO_2 zerfallen ist. Wie groß ist die Dichte des unter obigen Druck- und Temperaturverhältnissen vorliegenden Gasgemisches aus N_2O_4 und NO_2, wenn die beiden Gase als ideale Gase angesehen werden können?

Aufgabe 4. Helium, das bei 20° C unter einem Druck von 10 Atm. steht, wird adiabatisch reversibel auf

1 Atm. entspannt. Welche Temperatur hat das Gas nach der Ausdehnung? In welchem Verhältnis steht die bei dieser adiabatischen Ausdehnung vom Gas geleistete Arbeit zu derjenigen, die bei isothermer Entspannung geleistet wäre?

Helium verhält sich wie ein ideales Gas, seine Molwärmen sind: $C_p = 5{,}00$ und $C_v = 3{,}00 \frac{\text{cal}}{\text{Mol} \cdot \text{Grad}}$.

Aufgabe 5. Der kritische Druck und die kritische Temperatur des Stickstoffs sind: $p_{kr} = 33{,}5$ Atm. und $t_{kr} = -147°$ C. Wie lautet die *van der Waals*sche Zustandsgleichung für N_2? Wie groß ist das kritische Molvolumen?

Aufgabe 6. Luft, die sich in einem Gefäß, über Wasser abgesperrt, befindet, wird durch einen Überdruck $\Delta p = 10$ cm Wassersäule durch ein Chlorcalciumrohr und anschließend durch mehrere mit Aceton beschickte Waschflaschen gedrückt, deren Zahl so bemessen ist, daß die Luft sich mit Acetondampf sättigt, ehe sie aus der Apparatur wieder austritt. Der reduzierte Barometerstand b sei 735 Torr, die Temperatur $t = 25°$ C und die durch die Apparatur gedrückte Luft habe im Vorratsgefäß ein Volumen $v = 1{,}2$ l. Bestimme die verdampfte Acetonmenge. Der Dampfdruck des Acetons bei 20 °C ist $p_{20} = 179{,}6$ Torr, bei 30° C ist $p_{30} = 281{,}0$ Torr; der Sättigungsdampfdruck des Wassers p_{H_2O} bei 25° C ist 23,8 Torr.

Aufgabe 7. Ein Gemisch aus Benzol und Wasser wird bei einem reduzierten Barometerstande von 735 Torr destilliert. Die Destillation, bei der ein Rückstand verbleibt, ergibt 137,5 g Destillat. Wieviel Gramm Benzol sind im Destillat enthalten, wenn man annimmt, daß H_2O und C_6H_6 vollständig unmischbar sind? Die Dampfdrucke von Benzol und Wasser sind in nachstehender Tabelle angegeben.

t °C	64,4	67,4	68,0	69,0	70,0	70,1	73,0
p_{H_2O} Torr	182,6	208,6	214,2	223,7	233,7	234,7	265,7
$p_{C_6H_6}$ Torr	450	500				550	600

Aufgabe 8. Zur Ermittlung der Strahlungsverluste eines Strömungskalorimeters wird eine Eichung desselben mit Wasserstoff vorgenommen. Es wird während des Versuches so viel H_2 verbrannt, daß das als Verbrennungsprodukt aufgefangene Wasser 84,83 g wiegt. Die durch die Verbrennung entstandene Wärmemenge wird dem durch das Kalorimeter strömenden Wasser zugeführt. Die mittlere Eintrittstemperatur des Wassers betrug 8,40° C, die mittlere Austrittstemperatur 18,69° C, die während des Versuches durchgeströmte Wassermenge hatte ein Gewicht von 31,085 kg. Wieviel Prozent betragen die Strahlungsverluste des Kalorimeters, wenn bei der Verbrennung von Wasserstoff zu flüssigem Wasser von Zimmertemperatur 33,93 kcal pro Gramm verbrannten H_2 entstehen?

Aufgabe 9. Die Verbrennungswärme von Rohrzucker beträgt 3946 cal/g. Wie groß ist seine Bildungswärme, wenn die Verbrennungswärme des Wasserstoffs 33,93 kcal/g und die Bildungswärme von CO_2 94,4 kcal/Mol betragen?

Aufgabe 10. Eine oberschlesische Kohle enthält in Gewichtsprozenten: 79,0% C, 4,8% H, 9,3% O, 0,6% S, 2,6% Asche und 3,7% Feuchtigkeit. Unter dem unteren Heizwert H_u versteht man diejenige Wärmemenge, die man bei der Verbrennung von 1 kg Brennstoff zu gasförmigen Verbrennungsprodukten bei der Temperatur von 0° C erhält. Man berechne H_u für die vorliegende Kohlensorte unter der Annahme, daß die Elemente C und S, sowie zum Teil auch H, in elementarer Form vorliegen und daß der Sauerstoff nur an den Wasserstoff gebunden ist. Die abgerundeten Verbrennungswärmen betragen für 1 kg: 8100 kcal bei C, 28600 kcal bei H, 2500 kcal bei S. Die Verdampfungswärme des Wassers bei 0° C beträgt 600 kcal/kg.

Aufgabe 11. 100 kg Kohle von der in Aufgabe 10 angegebenen Zusammensetzung werden mit 100% Luftüberschuß verbrannt, und die Abgase verlassen die Heizanlage mit einer Temperatur $t = 220°$ C. Man berechne den sogenannten Schornsteinverlust, also diejenige Wärmemenge, um welche die gesamte auftretende Verbrennungswärme dadurch vermindert wird, daß die Abgase nicht eine Temperatur von 0° C haben. Die mittleren Molwärmen $\overline{C_p}$ sind: für O_2, N_2 oder Luft 7,03, CO_2 und SO_2 9,64 und für H_2O 8,39 $\frac{\text{cal.}}{\text{Mol} \cdot \text{Grad}}$.

Aufgabe 12. Bei der Bestimmung von $\frac{C_p}{C_v}$ bei Gasen nach *Clément* und *Desormes* wird ein unter dem Druck p_1 stehendes Gas von der Zimmertemperatur T_1 adiabatisch (kurzzeitig) auf den Druck p_2 expandiert, wobei es sich auf die Temperatur T_2 abkühlt. Läßt man das Gas nach der Expansion sich bei konstantem Volumen wieder auf die Ausgangstemperatur erwärmen, so steigt der Druck im Gefäß auf den Wert p_3. Man beweise, daß

$$\varkappa \equiv \frac{C_p}{C_v} = \frac{p_1 - p_2}{p_1 - p_3} \text{ ist.}$$

Aufgabe 13. Nach *Oberhoffer* und *Grosse* ist die mittlere spez. Wärme $\bar{c}_p$ des Eisens im Gebiete zwischen 0 und t_1° C gegeben durch nachstehende Tabelle:

t_1 °C	100	200	300	400	500	600	700	800
$\bar{c}_p$ $\frac{\text{cal}}{\text{g} \cdot °\text{C}}$	0,1107	0,1161	0,1215	0,1275	0,1337	0,1417	0,1515	0,1650

Durch quadratische Ausgleichung finde man zunächst die Funktion $\bar{c}_p = f(t_1)$ und ermittle dann die wahre spez. Wärme als Funktion der Temperatur.

Aufgabe 14. Bei 0° C besitzt Äthylalkohol folgende Werte für die Dichte ρ, den kubischen Ausdehnungskoeffizienten α, die Kompressibilität $\varkappa$ und die Molwärme bei konstantem Druck C_p: $\rho = 0{,}924$ g/cm³, $\alpha = 1{,}05 \cdot 10^{-3}$ Grad^{-1}, $\varkappa = 99{,}6 \cdot 10^{-6}$ Atm.$^{-1}$, $C_p = 25{,}2$ cal · Mol^{-1} · Grad^{-1}. Ermittle C_v.

Aufgabe 15. Nach Messungen von *Giauque* und *Clayton* besitzt Stickstoff im Gebiete tiefer Temperaturen folgende Werte der Molwärme C_p:

T °K	15,8	17,7	19,5	21,9	24,5	27,1	28,3
C_p $\frac{\text{cal}}{\text{Mol} \cdot \text{Grad}}$	3,12	3,84	4,58	5,45	6,33	7,17	7,54
T °K	29,9	31,3	32,8	34,4	34,7	35,1	35,3
C_p $\frac{\text{cal}}{\text{Mol} \cdot \text{Grad}}$	8,14	8,64	9,40	10,28	10,49	10,84	10,67

Bei $T_u = 35{,}61°$ liegt ein Umwandlungspunkt, bei $T_f = 63{,}14°$ der Schmelzpunkt. Im Temperaturgebiet 35,61° bis 63,14° wird die Molwärme durch die Gleichung $C_{pI} = 5{,}32 + 0{,}092\, T$ und im Gebiet zwischen 63,14° und 80° durch die Gleichung $C_{pII} = 11{,}7 + 0{,}025\, T$ beschrieben. Die Umwandlungswärme (Umwandlungsenthalpie) L_u beträgt 54,7 cal/Mol, die Schmelzwärme L_f 172,3 cal/Mol. Ermittle die Zunahme des Wärmeinhaltes und der Entropie von Stickstoff zwischen 16° K und 75° K.

Aufgabe 16. Die mittlere spez. Wärme $\bar{c}_{pD}$ des gesättigten Wasserdampfes im Gebiete zwischen

100° C und t ($t > 100$) ist durch die Gleichung $\bar{c}_{pD} = 0{,}4574 + 4{,}62 \cdot 10^{-5}\,t$ gegeben. Die molare Verdampfungswärme L_{d_0} des Wassers bei 0° C ist mit 10,71 kcal/Mol gemessen. Man ermittle den letzteren Wert theoretisch unter der Voraussetzung, daß die oben gegebene Gleichung für $\bar{c}_{pD}$ auch für Temperaturen unterhalb 100° C gilt, daß die mittlere Molwärme des Wassers $\bar{C}_{pW}$ zwischen 0° und 100° C den Wert 18,02 $\frac{\text{cal}}{\text{Mol} \cdot \text{Grad}}$ hat und die molare Verdampfungswärme des Wassers bei 100° C $L_{d_{100}} = 9715$ cal/Mol ist.

Aufgabe 17. Durch Integration der *Clausius-Clapeyron*schen Gleichung soll die Dampfdruckkurve $p = f(T)$ für Wasser ermittelt werden. Die molare Verdampfungswärme L_d soll als eine lineare Funktion der Temperatur angesehen werden. Die Konstanten dieser letzteren Funktionsgleichung sollen nach der Methode der kleinsten Quadrate aus folgenden experimentell ermittelten Zahlenwerten der spez. Verdampfungswärme l_d ermittelt werden:

t °C	80,9	89,5	96,2	101,8	106,6	110,8	116,3	122,6
l_d cal/g	550,6	545,6	541,7	538,3	535,3	532,7	529,1	525,0

Aufgabe 18. Eine 10prozentige wässerige Rohrzuckerlösung hat bei 15° C die Dichte 1,0393 g/cm³. Wie groß ist die bei der Herstellung von 1 kg Lösung auftretende Volumenkontraktion Δv, wenn die Dichte des Wassers 0,99913 g/cm³ und die des festen Rohrzuckers 1,5879 g/cm³ ist?

Aufgabe 19. Bei 15° C haben reines Wasser, reiner Methylalkohol bzw. bestimmte Gemische aus H_2O und CH_3OH die in der Tabelle angegebenen Dichten ρ:

Gewichtsprozente Alkohol in der Mischung	0	63	64	65	100
ρ g/cm³	0,99913	0,89117	0,88890	0,88662	0,79578

Ermittle die partiellen Molvolumina für H_2O (V_W) und CH_3OH (V_A) in einer Mischung, die gleiche Molanteile der beiden Komponenten enthält und vergleiche sie mit denjenigen der reinen Komponenten. Liegt eine ideale Mischung vor?

Aufgabe 20. Der Dampfdruck des Äthylenchlorids wird als Funktion der absoluten Temperatur durch die Gleichung

$$\lg p = 128{,}76 - \frac{4481{,}1}{T} - 52{,}309 \lg T + 0{,}07153\, T - 4{,}1847 \cdot 10^{-5}\, T^2$$

beschrieben. Berechne den relativen Temperaturkoeffizienten der Verdampfungswärme des $C_2H_4Cl_2$ für 83° C.

Aufgabe 21. Nach *Wiegner* gilt für die Löslichkeit von Chlorwasserstoff in Cyclohexan das *Henry*sche Gesetz. Dabei ist bei 19,84° C bei einem Druck $p_{HCl} = 473{,}9$ Torr bzw. 668,0 Torr der Molenbruch des gelösten HCl $87{,}8 \cdot 10^{-4}$ bzw. $123 \cdot 10^{-4}$; für eine Temperatur von 40,00° C gilt entsprechend, daß bei $p_{HCl} = 465{,}4$ Torr bzw. 543,4 Torr derselbe Molenbruch die Werte $68{,}1 \cdot 10^{-4}$ bzw. $78{,}7 \cdot 10^{-4}$ annimmt. Man bestimme die mittlere Lösungswärme L_l im Gebiet zwischen den genannten Temperaturen.

Aufgabe 22. Nach *Lange* und *Eichler* ist die differentiale Lösungswärme Λ_0 für Kaliumfluorid als Funktion der Konzentration c gegeben durch die nachstehende Tabelle:

c $\frac{\text{Mole } KF}{100 \text{ Mole } H_2O}$	0	0,1	0,3	0,5	1,0	2	4	6
$-\Lambda_0$ kcal/Mol KF	4,24	4,12	4,08	4,06	4,05	4,02	3,97	3,90

c	8	10	12	14	16	18	20	22	24	26
$-\Lambda_0$	3,72	3,48	3,19	2,85	2,46	2,07	1,65	1,28	0,94	0,66

c	28	30	30,49
$-\Lambda_0$	0,43	0,23	0,19

Ermittle die „ganze Lösungswärme".

Aufgabe 23. Die integralen Lösungswärmen L_0 bei der Herstellung wässeriger Kaliumfluorid-Lösungen der Konzentration c sind nach *Lange* und *Eichler* gegeben durch nachstehende Tabelle:

c $\frac{\text{Mole KF}}{100 \text{ Mole } H_2O}$	10	12	14	16	18
$-L_0$ kcal/Mol KF	3,878	3,788	3,682	3,554	3,410

Ermittle die differentialen Lösungswärmen.

Aufgabe 24. Nach *Rotmund* zerfällt ein Phenol-Wasser-Gemisch bei 40° C in zwei Phasen, die 9,78% bzw. 66,81% Phenol enthalten. Die entsprechenden Zahlen für 50° C und 60° C sind 12,08% und 62,83% bzw. 17,10% und 56,10%. Bestimme die gegenseitige Löslichkeit von Phenol und Wasser bei der oberen kritischen Lösungstemperatur 68,8° C.

Aufgabe 25. Phenol verteilt sich bei einer bestimmten Temperatur zwischen Benzol und Wasser, wie es nachstehende Tabelle angibt:

c_B $\frac{\text{g Phenol}}{\text{Lit. Benzol}}$	8,04	14,2	21,4	35,5	49,1
c_W $\frac{\text{g Phenol}}{\text{Lit. Wasser}}$	5,30	7,21	8,43	11,45	13,0

Bestimme das Molekulargewicht von Phenol in benzolischer Lösung.

Aufgabe 26. Der Verteilungskoeffizient von Jod zwischen H_2O und CCl_4 hat bei 25° C den Wert $k = 0{,}0116$, für H_2O und CS_2 dagegen den Wert $k_1 = 0{,}0017$. Wird ein Liter einer wässerigen Jodlösung mit 100 ccm CS_2 geschüttelt, so wird ihr ein Teil des gelösten Jods entzogen. Dieselbe Jodmenge kann auch durch Schütteln mit 100 ccm CCl_4 extrahiert werden, wenn der Tetrachlorkohlenstoff in mehrere gleiche Portionen aufgeteilt und die wässerige Jodlösung mehrmals nacheinander mit den CCl_4-Teilmengen geschüttelt wird. Wie muß man die 100 ccm CCl_4 aufteilen, damit von den beiden Substanzen die gleiche Jodmenge der wässerigen Lösung entzogen wird?

Aufgabe 27. Beckmann beobachtete, daß eine 5,833-prozentige Lösung von Äthylalkohol in Eisessig gegenüber dem reinen Eisessig einen um 4,49° tiefer gelegenen Gefrierpunkt hat. Es sei angenommen, daß der Äthylalkohol in der Lösung teilweise zu Doppelmolekeln assoziiert vorliegt. Wie hoch ist der Prozentsatz der letzteren, wenn der reine Eisessig eine Schmelzwärme l_f von 43,6 cal/g besitzt und bei 17° C gefriert?

Aufgabe 28. Eine Lösung von 0,564 g Naphthalin in 48,2 g Äthyläther siedet bei einem Druck von 760 Torr bei einer um 0,196° höheren Temperatur als der reine Äther (Äthersiedepunkt $t_k = 34{,}6°$ C). Man ermittle die prozentuale Änderung des Ätherdampfdruckes für ein Grad Temperaturerhöhung.

Aufgabe 29. Für den Sättigungsdruck p des Tetrahydronaphthalins als Funktion der absoluten Temperatur T findet man in den Physikalisch-Chemischen Tabellen von *Landolt* und *Börnstein* die empirische Formel

$$\lg p = -\frac{2681,3}{T} + 175 \lg T - 0,003214\, T + 5,3145 .$$

Rechnet man nach dieser Gleichung den Druck für 200° C aus, so erhält man vollständig unsinnige Werte, da die Formel einen Druckfehler enthält. Prüfe, ob diese Formel mit der *Trouton*schen Regel im Einklang ist und berichtige sie nach dieser Prüfung.

Aufgabe 30. Eine Kapillare mit dem Radius $r = 0,1$ mm taucht 2 cm tief in ein offenes mit Tetrachlorkohlenstoff von der Dichte $\rho = 1,59$ g/cm³ bei 20° C gefülltes Gefäß. Welchen Mindestüberdruck in mm Wassersäule muß man größenordnungsmäßig aufwenden, um Luft durch die Kapillare und den Tetrachlorkohlenstoff hindurchzupressen? Die *van der Waals*sche Zustandsgleichung für CCl_4 lautet, wenn der Druck in Atmosphären und das Molvolumen in Litern gemessen werden: $\left(p + \frac{19,6}{V^2}\right)(V - 0,127) = 0,082\, T.$

Aufgabe 31. Ruff und *Hohlfeld* untersuchten die Adsorption von Ammoniak an Kohle bei 0° C und beobachteten bei den Drucken p (Torr) die je 1 g Kohle adsorbierten Gasmengen z (mMol/g):

p Torr	72,9	98,8	128,6	160,4	194,3	213,2	287,7
z mMol/g	1,95	2,42	2,89	3,38	3,82	4,14	4,79

p	353,5	422,1	513,8	612,4	727,6	750,6
z	5,21	5,62	6,06	6,45	6,87	6,93

Prüfe, ob die Adsorption besser durch die Adsorptionsisotherme von *Langmuir* oder diejenige von *Freundlich* beschrieben wird.

Aufgabe 32. Eine Elektrolysierzelle ist mit verdünnter Schwefelsäure gefüllt, die 1 mg Jod im ccm enthält und sehr gut gerührt wird. Zwischen den beiden Platinelektroden fließt bei Spannungen, die unterhalb der Zersetzungsspannung liegen, ein Strom, dessen kathodische Stromdichte $j = 9{,}0$ mA/cm² beträgt. Ist der von *Euler* ermittelte Diffusionskoeffizient $D = 0{,}5$ cm²/Tag für Jod in wässeriger Lösung mit der Vorstellung im Einklang, daß die der Kathode auch bei Rührung anhaftende Schicht eine Dicke δ von der Größenordnung 5 μ besitzt?

Aufgabe 33. Nach Versuchen von *de Vries* zeigen Zellen aus den Blättern der Doldenriesche keine Veränderungen in wässerigen Lösungen, die 20,1 g Glycerin oder 38,6 g Invertzucker oder 75,0 g Rohrzucker im Liter enthalten. Stehen diese Zahlen im Einklang mit dem *van't Hoff*schen Grenzgesetz des osmotischen Druckes?

Aufgabe 34. Glykogene haben eine Zusammensetzung, die der Formel $(C_6H_{10}O_5)_n$ (n eine große ganze Zahl) entspricht. *Husemann* verfolgte beim Abbau von Glykogenen ihren mittleren Polymerisationsgrad durch osmotische Messungen und fand bei 27° C für Lösungen, die eine Glykogenkonzentration c aufwiesen, folgende osmotische Drucke π.

c g/Lit.	5	10	20
$\pi \cdot 10^3$ Atm.	0,47	0,90	1,90

Wie groß war der mittlere Polymerisationsgrad der untersuchten Glykogene?

Aufgabe 35. Eine 0,0102 molare wässerige KCl-Lösung gefriert bei — 0,0367° C, eine 0,0582 molare dagegen bei — 0,203° C; eine 0,01 molare $CaCl_2$-Lösung zeigt eine Gefrierpunktserniedrigung von 0,0513°. Man bestimme die experimentellen osmotischen Koeffizienten für die drei Lösungen und prüfe, ob bei den angegebenen Konzentrationen die *Debye-Hückel*sche Theorie, die die spezifischen Ioneneigenschaften nicht berücksichtigt, die experimentellen Werte liefert.

Aufgabe 36. Bei der Umlagerung von cis- in trans-Dichloräthylen im gasförmigen Zustande und im Beisein von Sauerstoff wurde festgestellt, daß bei einem Versuch aus der reinen cis-Verbindung die trans-Verbindung sich nach folgendem Zeitschema bildete:

t Std.	0	0,5	1,0	2,0	3,0	4,0	5,0	6,0
% trans-Verbindung	0	8	15	29	40	50	57	64

Man ermittle die Ordnung dieser Umlagerungsreaktion.

Aufgabe 37. Äthylacetat in wässeriger Lösung wird mit 20 ccm einer doppelt normalen Natronlauge versetzt und das Gemisch mit Wasser auf ein Volumen von 1 Lit. verdünnt. Nach 10 bzw. 20 Minuten werden je 5 ccm dieser Lösung mit n/100 Salzsäure titriert. Es werden dabei 15,30 bzw. 14,60 ccm HCl verbraucht. Wieviel Gramm $CH_3COOC_2H_5$ waren vor der Verseifung in der wässerigen Lösung enthalten?

Aufgabe 38. Sauerstoff und Stickstoff reagieren bei hohen Temperaturen nach der Gl. $N_2 + O_2 \rightleftarrows 2\,NO$.

Die Gleichgewichtskonstante $K_c = \frac{[NO]^2}{[N_2]\,[O_2]}$ ist durch die Gleichung

$$\lg \sqrt{K_c} = \lg 0{,}0249 + 2{,}148 \cdot \frac{T - 2200}{T}$$

gegeben. Berechne das Verhältnis der Ausbeuten

an NO in Volumenprozenten für die Temperaturen $T_1 = 3000°\,K$ und $T_2 = 2000°\,K$ und Luft als Ausgangssubstanz.

Aufgabe 39. Ein Behälter mit dem Rauminhalt von 1 l wird bei $t_0 = 20°$ C und $p_0 = 1$ Atm. Druck mit NH_3-Gas gefüllt, verschlossen und auf 227° C erwärmt. Das Ammoniakgas zerfällt nach der Gleichung

$$2\,NH_3 \rightleftarrows N_2 + 3\,H_2\,;$$

die Gleichgewichtskonstante $K_p = \frac{p_{NH_3}}{p_{N_2}^{1/2} \cdot p_{H_2}^{3/2}}$ ist durch die Gleichung

$$\lg K_p = \frac{2098{,}2}{T} - 2{,}509 \lg T - 1{,}006 \cdot 10^{-4}\,T + 1{,}859 \cdot 10^{-7}\,T^2 + 2{,}10$$

gegeben und ist praktisch unabhängig vom Druck. Wie groß ist der Anteil des gebildeten Stickstoffs in Mol- und Gewichtsprozenten?

Aufgabe 40. Wie groß sind die Stickstoffanteile x und y (siehe Aufg. 39), wenn die Erwärmung des Ammoniaks bei dem konstanten Druck von 1 Atm. erfolgt?

Aufgabe 41. Bestimme die maximale Ausbeute an Sulfurylchlorid aus Schwefeldioxid und Chlor $SO_2 + Cl_2 \rightleftarrows SO_2Cl_2$ für $t = 102°$ C und den Druck von 1 Atm. Der Zerfall von SO_2Cl_2 wird bei der gleichen Temperatur durch die Gleichgewichtskonstante

$$K_p = \frac{p_{SO_2} \cdot p_{Cl_2}}{p_{SO_2Cl_2}} = 2{,}37 \text{ geregelt.}$$

Aufgabe 42. In einen Kontaktofen, in dem eine Temperatur $t = 832°$ C herrscht, strömt mit einer Geschwindigkeit von 1,06 l/Std. 3 Stunden lang ein Gemisch von 20 Volumprozent SO_2 und 80% O_2 bei Atmosphärendruck und 20° C Raumtemperatur hinein. In dem Ofen bildet sich SO_3, wobei das Gleichgewicht zwischen SO_3, SO_2 und O_2 sich während der Verweilzeit im Ofen einstellt. Das aus dem Ofen kontinuierlich austretende Gemisch wird rasch abgekühlt und so das

Gleichgewicht eingefroren. Das Gasgemisch wird dann durch eine Lösung von $BaCl_2$ geleitet und fällt aus dieser 2,217 g $BaSO_4$ aus. Wie groß ist die Gleichgewichtskonstante K_c der Reaktion $2\,SO_2 + O_2 \rightleftarrows 2\,SO_3$ bei 832° C?

Aufgabe 43. Ein SO_3-Luft-Gemisch, das bei $t_0 = 50°$ C unter einem Druck von 760 Torr steht und einen SO_3-Partialdruck von 132 Torr aufweist, besitzt ein Volumen von 1,89 l. Das Gasgemisch wird bei Atmosphärendruck durch einen Kontaktofen (vgl. Aufg. 42) bei $t = 832°$ C geleitet, wobei SO_3 nach der Gleichung $2\,SO_3 \rightleftarrows 2\,SO_2 + O_2$ zerfällt. Das rasch abgekühlte Gemisch wird durch eine $BaCl_2$-Lösung geleitet und fällt $BaSO_4$ aus. Wieviel Gramm $BaSO_4$ werden dabei entstehen?

Aufgabe 44. Nach *Bodenstein* und *Pohl* gilt bei der Reaktion $2\,SO_2 + O_2 \rightleftarrows 2\,SO_3$ für die Gleichgewichtskonstante K_c als Funktion der Temperatur die Gleichung $\lg K_c = \frac{10373}{T} + 2{,}222 \lg T - 14{,}585$. Man bestimme die Wärmetönung W_p der obigen Reaktion bei konstantem Druck für die Temperatur 727° C.

Aufgabe 45. N_2O_4 dissoziiert nach der Gleichung $N_2O_4 \rightleftarrows 2\,NO_2$. Die Konstante $K_p = \frac{p^2_{NO_2}}{p_{N_2O_4}}$ hat bei 127° C und 1 Atm. Druck den Wert 47,29. Die Wärmetönung der Dissoziation ist temperaturabhängig und wird durch die Gleichung

$$W_p = -R\,(6191{,}6 + 1{,}75\,T + 11{,}109 \cdot 10^{-3}\,T^2 - 32{,}862 \cdot 10^{-6}\,T^3)$$

gegeben. Bestimme den Dissoziationsgrad α für $t = 27°$ C.

Aufgabe 46. Die spez. Wärmen von Cl_2 bzw. SO_2 bei $T = 450°\,K$ sind: $c_{p\,Cl_2} = 0{,}120$ bzw. $c_{p\,SO_2} = 0{,}168$ $\frac{\text{cal}}{\text{g} \cdot \text{Grad}}$. Wie groß ist bei derselben Temperatur die spez. Wärme von Sulfurylchlorid? Die Gleichgewichtskonstante der Reaktion $SO_2Cl_2 \rightleftarrows Cl_2 + SO_2$ $K_p = \frac{p_{SO_2} \cdot p_{Cl_2}}{p_{SO_2Cl_2}}$ ist durch folgende Temperaturfunktion gegeben:

$$\lg K_p = -\frac{2250}{T} + 1{,}75 \lg T - 4{,}55 \cdot 10^{-4}\, T + 2{,}2\,.$$

Aufgabe 47. Bei der Reduktion von Wüstit (FeO) durch Kohlenoxid nach der Gleichung

$$FeO + CO \rightleftarrows Fe + CO_2 \text{ ist für } 1500°\,K$$

$$\lg K_{p_{\text{I}}} = \lg \frac{p_{CO_2}}{p_{CO}} = -\,0{,}50.$$

FeO wird jedoch bei der hohen Temperatur gleichzeitig thermisch in Eisen und Sauerstoff gespalten. Berechne den Gleichgewichtsdruck des entstehenden Sauerstoffs für $T = 1500°\,K$ aus Kenntnis der Wassergas-Gleichgewichtskonstanten ($\lg K_{p_{\text{II}}} = -0{,}41$) und des Wasserdampf-Dissoziationsgleichgewichtes ($\lg K_{p_{\text{III}}} = -11{,}37$) bei derselben Temperatur. Die Drucke sind stets in Atm. gemessen.

Aufgabe 48. *Trautz* und *Bhandarkar* untersuchten den thermischen Zerfall von Phosphin in einem Porzellangefäß. Sie fanden dabei bei einer bestimmten Temperatur zu den Zeiten t folgende PH_3-Drucke:

t Sek.	0	30	60	90	120	150
p Torr	20,2	14,8	10,3	6,9	4,3	2,6

Prüfe, ob diese Zahlen mit der Vorstellung, daß es sich beim Phosphinzerfall um eine unverzögerte Wandreaktion handelt, im Einklang sind.

Aufgabe 49. Die Gase HCl, O_2, H_2O, und Cl_2 werden zu gleichen Gewichtsteilen bei Atmosphärendruck und 430° C vermischt. Bleibt das Mischungsverhältnis erhalten oder wird nach dem *Deacon*-Prozeß $4\,HCl + O_2 \rightleftarrows 2\,H_2O + 2\,Cl_2$ zusätzlich Chlorwasserstoff und Sauerstoff oder Wasserdampf und Chlor entstehen? Bei der angegebenen Temperatur ist $K_p = 40{,}8$ (Drucke in Atm. gemessen). Wie groß ist die Affinität der einsetzenden Reaktion?

Aufgabe 50. Grimm, Ruf und *Wolff* untersuchten die Bildung von Tetraäthylammoniumjodid in Nitrobenzol, die nach der Gleichung

$$N(C_2H_5)_3 + C_2H_5J \rightarrow N(C_2H_5)_4J$$

verläuft, bei verschiedenen Temperaturen. Dabei fanden sie, daß 5 Minuten nach dem Zusammengießen der Lösungen mit den Ausgangsstoffen deren Anfangskonzentration 0,284 Mol/l bei 70° C um 0,060 Mol/l, bei 120° C dagegen um 0,202 Mol/l abgenommen hatte. Berechne die Aktivierungswärme ^{A}E und den Häufigkeitsexponenten $lg\ k_m$ für obige bimolekulare Reaktion.

Aufgabe 51. Ein Nernststift, der an einer konstanten Gleichspannung liegt, wird in einem Ofen auf höhere Temperaturen gebracht. Es fließt durch den Stift ein Strom, der mit wachsender Temperatur so ansteigt, wie es untenstehende Tabelle angibt. Der Strom wird mit einem Galvanometer, das nicht geeicht ist, bei dem jedoch die abgelesenen Skalenteile proportional der Stromstärke i sind, gemessen. Ermittle die Gitterablösungsarbeit für diejenige Ionensorte, die im Nernststift den Stromtransport übernimmt.

t °C	512	488	475	455	441	421
i Skt.	125	75	55	35	25	15

Aufgabe 52. In einer Lösung von unbekanntem p_H-Wert wird kolorimetrisch der Umschlagsgrad α_1 des Indikators Bromthymolblau, dessen Halbwertsstufe 7,07

ist, zu 60% ermittelt. In derselben Lösung ist Phenolrot nur zu $\alpha_2 = 24\%$ umgeschlagen. Wie groß ist die Halbwertsstufe und die Dissoziationskonstante des letzteren Indikators?

Aufgabe 53. Zweiwertiges Eisen läßt sich in wässeriger Lösung kolorimetrisch durch die rote Farbe des Eisentriorthophenanthrolin-Komplexes nachweisen. Die Absorptionskurve des Komplexes besitzt bei 510 nm ein Maximum mit dem Wert $11{,}2 \cdot 10^3 \frac{\text{Lit}}{\text{Mol} \cdot \text{cm}}$ für den molaren Extinktionskoeffizienten ε_1. Verwendet man ein Spektralfilter, so läßt sich die Extinktion einer solchen roten Lösung durch Vergleich mit einer neutralgrauen Lösung bestimmen. Welche Schichtdicke (sog. abgestimmte Schichthöhe nach *Thiel*) muß man bei der Eisenphenanthrolin-Lösung wählen, damit nach Einstellung auf gleiche Extinktion die Anzahl mm Graulösung sofort zahlenmäßig gleich der Konzentration der untersuchten Lösung an Eisen in mg Fe/l ist? Die Graulösung möge so beschaffen sein, daß bei 510 nm und gleichen Schichtdicken dieselbe Extinktion durch die Graulösung und eine $4{,}46 \cdot 10^{-5}$ molare Eisenphenanthrolin-Lösung erzielt wird.

Aufgabe 54. Welche Intensität in $\frac{\text{cal}}{\text{cm}^2 \cdot \text{sek}}$ muß absorbiertes Licht der Wellenlänge $\lambda = 400$ nm haben, wenn unter seiner Einwirkung auf einer photographischen Platte des Formats 9×12 cm bei einer Quantenausbeute von 80% und einer Belichtungszeit $t = 0{,}1$ Sek. photolytisch aus dem Silberbromid 1 mg Silber erzeugt werden soll?

Aufgabe 55. Eine photographische Platte wird mit der Beleuchtungsstärke $i_1 = 10$ Lux $^1/_5$ Sek., $^1/_{10}$ Sek. und $^1/_{20}$ Sek., sowie mit $i_2 = 2{,}6$ Lux 2,0 Sek., 1,0 Sek. und ½ Sek. lang streifenweise belichtet, dann entwickelt und fixiert. Die sechs belichteten Felder werden auf ihre

Schwärzung hin dadurch untersucht, daß man feststellt, auf welchen Betrag I die Intensität I_0 eines in die geschwärzte Schicht eindringenden Lichtstrahles beim Passieren der Platte geschwächt wird. Dabei werden folgende Werte beobachtet:

Beleuchtungsstärke Lux				
10	t Sek	$^1/_5$	$^1/_{10}$	$^1/_{20}$
	I/I_0 %	2,95	5,75	11,2
2,6	t Sek	2	1	½
	I/I_0 %	1,45	2,51	4,37

Gilt das *Bunsen-Roscoe*sche Reziprozitätsgesetz? Wie groß ist der *Schwarzschild*-Exponent?

Lösungen

Lösung 1. Man bilde die Produkte $p\,v$ und prüfe die Konstanz dieser Werte. Es ist :

p Atm.	1,0	46,5	62,0	80,6	123,4	208,6	290,9
$p\,v$ 1 · Atm.	1000	987,6	985,8	987,4	999,6	1051	1123

N_2 verhält sich also nicht wie ein ideales Gas.

Lösung 2. Der Druck p des gebildeten Kohlendioxids errechnet sich aus der gegebenen Gleichung für 800° C = 1073° K zu 167,3 Torr. Nach der idealen Gasgleichung ist dann die Zahl n der gebildeten Mole CO_2

$$p v = n R T$$

$$n = \frac{p v}{R T} = \frac{167{,}3 \cdot 1{,}5}{760 \cdot 0{,}082 \cdot 1073} = 0{,}00375\,.$$

Da der Zerfall des Kalkspates nach der Gleichung $CaCO_3 \rightarrow CaO + CO_2$ erfolgt, ist die gleiche Anzahl Mole $CaCO_3$ zerfallen. Ihr Gewicht ist 0,00375 · 100,09 = 0,376 g. Es liegen also noch 0,5 — 0,376 = 0,124 g $CaCO_3$ vor.

Lösung 3. Nach der idealen Gasgleichung ist

$$p v = n R T = \frac{g}{M} R T$$

oder

$$p = \frac{g}{v} \cdot \frac{R T}{M} = \rho \cdot \frac{R T}{M}\,.$$

Also ist

$$\rho = \frac{p M}{R T}\,.$$

M ist dabei das Molekulargewicht des Gases, oder im vorliegenden Falle eines Gasgemisches das scheinbare Molekulargewicht. Aus einem Mol N_2O_4 entstehen 2α Mole NO_2 nach der Gleichung $N_2O_4 \rightleftarrows 2\,NO_2$, wobei α den Wert 0,68 hat; unzersetzt bleiben $1-\alpha$ Mole N_2O_4. Das scheinbare Molekulargewicht des Gemisches ist also

$$M = \frac{(1-\alpha)\,M_{N_2O_4} + 2\alpha\,M_{NO_2}}{1-\alpha+2\,\alpha} = \frac{M_{N_2O_4}}{1+\alpha}.$$

Damit folgt für die Dichte ρ

$$\rho = \frac{pM}{RT} = \frac{p\,M_{N_2O_4}}{(1+\alpha)\,RT} = \frac{182{,}7 \cdot 92{,}02}{1{,}68 \cdot 0{,}082 \cdot 760 \cdot 1000 \cdot 322{,}9}$$

$$= 4{,}97 \cdot 10^{-4}\ \mathrm{g/cm^3}$$

(R muß in $\frac{\mathrm{cm^3 \cdot Torr}}{\mathrm{Grad}}$ eingesetzt werden!)

Lösung 4. Die Gleichung der Adiabate lautet

$$pV^{\varkappa} = \text{const.}$$

Durch Kombination mit der idealen Gasgleichung

$$pV = RT$$

$$V = \frac{RT}{p}$$

folgt $p \cdot \frac{R^{\varkappa}T^{\varkappa}}{p^{\varkappa}} = \text{const.}$

Damit wird

$$\frac{T_1^{\varkappa}}{p_1^{\varkappa-1}} = \frac{T_2^{\varkappa}}{p_2^{\varkappa-1}} \text{ oder } \frac{T_1}{T_2} = \left(\frac{p_1}{p_2}\right)^{\frac{\varkappa-1}{\varkappa}} = \left(\frac{p_1}{p_2}\right)^{1-\frac{1}{\varkappa}} = \left(\frac{p_1}{p_2}\right)^{1-\frac{c_v}{c_p}}$$

Im vorliegenden Falle ist

$$\frac{T_1}{T_2} = \left(\frac{p_1}{p_2}\right)^{1-\frac{3}{5}} = \left(\frac{p_1}{p_2}\right)^{0{,}4}$$

Mit $T_1 = 293°$ ergibt sich

$$T_2 = \frac{293}{10^{0{,}4}} = \frac{293}{2{,}51} = 116{,}8°\,K.$$

Die adiabatische Arbeit ist

$$A_{ad} = n \int_{T_1}^{T_2} C_v \, d\,T\,,$$

die isotherme dagegen

$$A_{isoth.} = -nRT_1 \ln \frac{v_2}{v_1} = -nRT_1 \ln \frac{p_1}{p_2}\,.$$

Für das Verhältnis der beiden Arbeiten folgt hieraus

$$\frac{A_{ad.}}{A_{isoth.}} = \frac{\int_{T_1}^{T_2} C_v \, dT}{-RT_1 \ln \frac{p_1}{p_2}} = \frac{C_v\,(T_2 - T_1)}{-RT_1 \cdot 2{,}3 \cdot lg \frac{p_1}{p_2}}$$

$$= \frac{3{,}00\,(116{,}8 - 293)}{-1{,}986 \cdot 293 \cdot 2{,}3} = 0{,}396\,.$$

Lösung 5. Die kritischen Daten hängen mit den *van der Waals*schen Konstanten wie folgt zusammen:

$$1)\ p_{kr} = \frac{a}{27\,b^2}\,,\quad 2)\ T_{kr} = \frac{8\,a}{27\,Rb}\,,\quad 3)\ V_{kr} = 3\,b\,.$$

Durch Division von 2) durch 1) erhält man

$$\frac{T_{kr}}{p_{kr}} = \frac{8\,a \cdot 27\,b^2}{27\,R\,b \cdot a} = \frac{8\,b}{R}$$

$$b = \frac{1}{8}\,\frac{RT_{kr}}{p_{kr}} = \frac{0{,}082 \cdot 126}{8 \cdot 33{,}5} = 3{,}85 \cdot 10^{-2}\ \text{Lit./Mol.}$$

Nach Einsetzen dieses Wertes in 1) folgt

$a = 27b^2 p_{kr} = 27 \cdot 14{,}8 \cdot 10^{-4} \cdot 33{,}5 = 1{,}34$ Atm. Lit.^{2}/Mol^2

Aus 3) ergibt sich das kritische Molvolumen zu

$V_{kr} = 3 \cdot 3{,}85 \cdot 10^{-2} = 11{,}6 \cdot 10^{-2}$ Lit./Mol $= 116$ ccm/Mol.

Die *van der Waals*sche Zustandsgleichung lautet

$$\left(p + \frac{1{,}34}{V^2}\right)(V - 0{,}0385) = R\,T\,.$$

Lösung 6. Die aus der Apparatur austretende, mit Aceton gesättigte trockene Luft möge bei der Temperatur T ein Volumen v_1 haben, der Dampfdruck des

Acetons sei p; im Volumen v_1 seien n Mole Aceton und N Mole Luft enthalten. Dann gilt

1) $p v_1 = n\,RT$

2) $b v_1 = (n + N)\;RT$

Durch Division von 1. durch 2. folgt

$$\frac{p}{b} = \frac{n}{n + N}$$

Ist das Gewicht des verdampften Acetons g und sein Molekulargewicht M, so ist $n = \frac{g}{M}$ und daher

$$\frac{p}{b} = \frac{\frac{g}{M}}{\frac{g}{M} + N}$$

$$\frac{p}{b} \cdot \frac{g}{M} + \frac{p}{b} \cdot N = \frac{g}{M}$$

$$\frac{p}{b} \cdot N = \frac{g}{M}\left(1 - \frac{p}{b}\right) = \frac{g}{M} \cdot \frac{b - p}{b}$$

3) $$g = \frac{MNp}{b - p}$$

Die Anzahl Mole trockener Luft ergibt sich aus der Gleichung

$$(b + \Delta p - p_{H_2O})\;v = NRT\,,$$

weil die Luft das Volumen v im feuchten Zustande und unter Überdruck stehend besitzt.

Damit ist

$$N = \frac{(b + \Delta p - p_{H_2O})\;v}{RT}\,,$$

so daß durch Einsetzen von N in 3) folgt

$$g = \frac{Mp \cdot (b + \Delta p - p_{H_2O})\;v}{RT\;(b - p)}\,.$$

Es ist jetzt noch der Dampfdruck p des Acetons bei 25° C zu ermitteln. Nach *Clausius* und *Clapeyron* gilt

$$\frac{d\ln p}{dT} = \frac{L_d}{RT^2}\,.$$

Durch Integration in den Grenzen $T_1 = 293°$ und $T_2 = 303°$ folgt

$$4)\qquad ln\, p_{30} - ln\, p_{20} = \frac{L_d}{R}\left(\frac{1}{T_1} - \frac{1}{T_2}\right),$$

desgleichen durch Integration in den Grenzen $T_1 = 293°$ und $T = 298°$

$$5)\qquad ln\, p - ln\, p_{20} = \frac{L_d}{R}\left(\frac{1}{T_1} - \frac{1}{T}\right)$$

Dividiert man 5) durch 4), so erhält man

$$\frac{ln\, p - ln\, p_{20}}{ln\, p_{30} - ln\, p_{20}} = \frac{\frac{1}{T_1} - \frac{1}{T}}{\frac{1}{T_1} - \frac{1}{T_2}}$$

$$ln\, p = (ln\, p_{30} - ln p_{20}) \cdot \frac{\frac{1}{T_1} - \frac{1}{T}}{\frac{1}{T_1} - \frac{1}{T_2}} + ln\, p_{20}$$

Durch Übergang zu den dekadischen Logarithmen folgt

$$\lg p = (\lg p_{30} - \lg p_{20}) \cdot \frac{T - T_1}{T_2 - T_1} \cdot \frac{T_2}{T} + \lg p_{20}$$

$$\lg p = (\lg 281{,}0 - \lg 179{,}6)\ \frac{298 - 293}{303 - 293} \cdot \frac{303}{298} + \lg 179{,}6$$

$$\lg p = (2{,}4487 - 2{,}2543) \cdot \frac{5}{10} \cdot \frac{303}{298} + 2{,}2543$$

$$\lg p = 2{,}3531$$

$$p = 225{,}5 \text{ Torr.}$$

Hieraus ergibt sich für g

$$g = \frac{58{,}08 \cdot 225{,}5 \cdot (735 + \frac{100}{13{,}6} - 23{,}8) \cdot 1{,}2}{760 \cdot 0{,}082 / 298 \cdot (735 - 225{,}5)}$$

$$g = 1{,}194\, g\, .$$

(Δp muß in mm Hg-Säule umgerechnet werden, R muß in Lit.·Torr/Grad eingesetzt werden!)

Lösung 7. Die Zusammensetzung des Destillats entspricht derjenigen des Dampfes. Der Dampf enthält sowohl C_6H_6 (Molekulargewicht M_1) als auch H_2O (Molekulargewicht M_2), wobei die Partialdrucke der beiden Komponenten $p_{C_6H_6} \equiv p_1$ und $p_{H_2O} \equiv p_2$ sein mögen. Unter der Voraussetzung, daß die Dämpfe als ideale Gase angesehen werden können, muß gelten:

$$\text{für } C_6H_6 \quad p_1 v = n_1 RT = \frac{g_1}{M_1} RT \qquad (1) \quad \text{und}$$

$$\text{für } H_2O \quad p_2 v = n_2 RT = \frac{g_2}{M_2} RT \qquad (2)$$

Da beide Dämpfe dasselbe Volumen einnehmen, ist v in (1) und (2) identisch, desgleichen T, die Siedetemperatur des Gemisches. Durch Division von (1) durch (2) folgt

$$\frac{p_1}{p_2} = \frac{n_1}{n_2} = \frac{g_1}{g_2} \cdot \frac{M_2}{M_1}$$

und hieraus

$$\frac{g_1}{g_2} = \frac{p_1}{p_2} \cdot \frac{M_1}{M_2}. \qquad (3)$$

Die Gewichte von C_6H_6 und H_2O im Dampf, damit aber auch im Destillat, verhalten sich wie die Produkte aus den Partialdrucken bei der gemeinsamen Siedetemperatur und den Molekulargewichten.

Zur Ermittelung von p_1 und p_2 bildet man nach der Tabelle zunächst die Summe $p_1 + p_2$.

t °C	64,4	67,4	70,1	73,0
$p_1 + p_2$ Torr	632,6	708,6	784,7	865,7

Das Gemisch siedet also unter dem Druck von 735 Torr, bei einer Temperatur, die zwischen 67,4° und 70,1° liegt, da dann der Atmosphärendruck gleich der Summe der beiden Partialdrucke ist. Durch lineare Interpolation (die wegen der Kleinheit des Temperaturintervalls statthaft ist) zwischen diesen Werten findet man die Siedetemperatur zu

$$t = 67,4 + \frac{70,1 - 67,4}{784,7 - 708,6} \cdot (735 - 708,6) = 68,3° \text{C}$$

Bei dieser Temperatur hat der Wasserdampf einen Druck (siehe Tabelle)

$$p_2 = 214,2 + (68,3 - 68,0)\,(223,7 - 214,2) = 217,1 \text{ Torr.}$$

Somit ist der Dampfdruck des Benzols

$$p_1 = 735 - 217,1 = 517,9 \text{ Torr.}$$

Mit diesen Werten erhält man folgendes Gleichungspaar:

$$(4) \qquad \frac{g_1}{g_2} = \frac{517,9}{217,1} \cdot \frac{78,11}{18,02} = 10,34$$

$$(5) \qquad g_1 + g_2 = 137,5$$

Daraus folgt

$$(4a) \qquad g_2 = \frac{g_1}{10,34}, \qquad \text{also} \quad \frac{g_1}{10,34} = 137,5 - g_1$$

$$(5a) \qquad g_2 = 137,5 - g_1$$

$$g_1 = \frac{137,5 \cdot 10,34}{11,34} = 125,4\, g$$

Lösung 8. Die dem durch das Kalorimeter strömenden Wasser zugeführte Wärmemenge betrug

$$31,085\,(18,69 - 8,40) = 319,87 \text{ kcal.}$$

Die Verbrennung lieferte 84,83 g Wasser; es wurden demnach

$$84,83 \cdot \frac{2,016}{18,02} = 9,491 \text{ g}$$

Wasserstoff verbrannt. Diese hätten

$$9,491 \cdot 33,93 = 322,01 \text{ kcal}$$

liefern müssen. Die Wärmeverluste betragen also

$$\frac{322,01 - 319,87}{322,01} = \frac{2,14}{322,01} = 0,0066 = 0,66\,\%.$$

Lösung 9. Die Verbrennung des Rohrzuckers geschieht nach der Gleichung

(1) $\underset{\text{fest}}{C_{12}H_{22}O_{11}} + \underset{\text{gasf.}}{12\,O_2} = \underset{\text{gasf.}}{12\,CO_2} + \underset{\text{flüss.}}{11\,H_2O} + Q_1$,

diejenige des Kohlenstoffs und Wasserstoffs nach

(2) $\underset{\text{fest}}{C} + \underset{\text{gasf.}}{O_2} = \underset{\text{gasf.}}{CO_2} + Q_2$

(3) $\underset{\text{gasf.}}{H_2} + \underset{\text{gasf.}}{{}^1/_2\,O_2} = \underset{\text{flüss.}}{H_2O} + Q_3$

Für die Bildung des Rohrzuckers gilt endlich

(4) $\underset{\text{fest}}{12\,C} + \underset{\text{gasf.}}{11\,H_2} + \underset{\text{gasf.}}{5\tfrac{1}{2}\,O_2} = \underset{\text{fest}}{C_{12}H_{22}O_{11}} + Q$

Multipliziert man Gleichung (2) mit 12 und subtrahiert sie dann von Gleichung (1), so erhält man

$$\begin{array}{rl} & C_{12}H_{22}O_{11} + 12\,O_2 = 12\,CO_2 + 11\,H_2O + Q_1 \\ - & 12\,C + 12\,O_2 = 12\,CO_2 \qquad + 12\,Q_2 \\ \hline (5) & C_{12}H_{22}O_{11} - 12\,C = 11\,H_2O + Q_1 - 12\,Q_2 \end{array}$$

Von Gleichung (5) wird jetzt die mit 11 multiplizierte Gleichung (3) subtrahiert. Man erhält

$$\begin{array}{rl} & C_{12}H_{22}O_{11} - 12\,C = 11\,H_2O + Q_1 - 12\,Q_2 \\ - & 11\,H_2 + 5\tfrac{1}{2}\,O_2 = 11\,H_2O + 11\,Q_3 \\ \hline (6) & C_{12}H_{22}O_{11} - 12\,C - 11\,H_2 - 5\tfrac{1}{2}\,O_2 \\ & = Q_1 - 12\,Q_2 - 11\,Q_3 \end{array}$$

Hieraus folgt

(7) $12\,C + 11\,H_2 + 5\tfrac{1}{2}\,O_2 = C_{12}H_{22}O_{11} - Q_1 + 12\,Q_2 + 11\,Q_3$

Durch Vergleich von (7) mit (4) findet man

$$Q = 12\,Q_2 + 11\,Q_3 - Q_1$$
$$Q = 12 \cdot 94{,}4 + 11 \cdot 33{,}93 \cdot 2{,}016 - 3{,}946 \cdot 342{,}3$$
$$Q = 534{,}5\ \text{kcal/Mol.}$$

Lösung 10. 1 kg Kohle enthält: 0,79 kg C, 0,006 kg S, 0,048 kg H und 0,093 kg O. Nicht der ganze Wasserstoff kann verbrannt werden, denn 0,093 kg Sauerstoff binden $\frac{0{,}093 \cdot 2}{16}$ kg Wasserstoff. Für die Verbrennung sind daher frei verfügbar nur $0{,}048 - \frac{0{,}093 \cdot 2}{16}$ kg H.

Für die Verdampfung des Feuchtigkeitswassers benötigt man von der erzielten Verbrennungswärme 0,037 · 600 kcal. Der untere Heizwert errechnet sich also zu

$$H_u = 0{,}79 \cdot 8100 + 0{,}006 \cdot 2500 + \left(0{,}048 - \frac{0{,}093}{8}\right) \cdot 28600 - 0{,}037 \cdot 600$$

$$H_u = 7{,}43 \cdot 10^3 \text{ kcal/kg}.$$

Lösung 11. 100 kg Kohle enthalten an Bestandteilen, die gasförmige Verbrennungsprodukte liefern, 79 kg C, 0,6 kg S, 4,8 kg H und 3,7 kg H_2O. Es entstehen daraus:

$$\frac{79}{12} \cdot 10^3 \text{ Mole } CO_2,$$

$$\frac{0{,}6}{32} \cdot 10^3 \text{ Mole } SO_2 \text{ und}$$

$$\left(\frac{3{,}7}{18} + \frac{4{,}8}{2}\right) \cdot 10^3 \text{ Mole } H_2O.$$

Für die vollständige Verbrennung von 100 kg Kohle werden an Sauerstoff benötigt:

für den Kohlenstoff $\frac{79}{12} \cdot 10^3$ Mole O_2

für den Schwefel $\frac{0{,}6}{32} \cdot 10^3$ Mole O_2

für den Wasserstoff $\frac{4{,}8}{4} \cdot 10^3$ Mole O_2

insgesamt also $7{,}80 \cdot 10^3$ Mole O_2.

In der Kohle waren enthalten 9,3 kg Sauerstoff = $\frac{9{,}3}{32} \cdot 10^3 = 0{,}29 \cdot 10^3$ Mole O_2. An Luftsauerstoff wurden daher $(7{,}80 - 0{,}29) \cdot 10^3 = 7{,}51 \cdot 10^3$ Mole O_2 benötigt. Da die Verbrennung bei 100% Luftüberschuß erfolgte, führten die Abgase $7{,}51 \cdot 10^3$ Mole Sauerstoff und $2 \cdot 7{,}51 \cdot 10^3 \cdot \frac{79}{21} = 56{,}5 \cdot 10^3$ Mole Stickstoff mit.

Der Schornsteinverlust war daher

$$W = \left[\left(\frac{79}{12} + \frac{0,6}{32}\right) \cdot 10^3 \cdot 9,64 + \left(\frac{3,7}{18} + \frac{4,8}{2}\right) \cdot 10^3 \cdot 8,39 + (7,51 + 56,5) \cdot 10^3 \cdot 7,03\right] \cdot 220 \text{ cal.}$$

$W = 11,8 \cdot 10^4$ kcal.

Lösung 12. Bei der adiabatischen Expansion gilt

$$(1) \qquad \frac{p_2}{p_1} = \left(\frac{T_2}{T_1}\right)^{\frac{\varkappa}{\varkappa-1}} = \left(\frac{T_2}{T_1}\right)^a, \qquad a \equiv \frac{\varkappa}{\varkappa - 1}$$

bei der isochoren Temperatur- und Druckzunahme ist

$$(2) \qquad \frac{p_3}{p_2} = \frac{T_1}{T_2}$$

Durch Multiplikation von (2) mit (1) folgt

$$\frac{p_3}{p_2} \cdot \frac{p_2}{p_1} = \frac{p_3}{p_1} = \frac{T_1}{T_2} \cdot \left(\frac{T_2}{T_1}\right)^{\frac{\varkappa}{\varkappa-1}} = \left(\frac{T_2}{T_1}\right)^{\frac{\varkappa}{\varkappa-1} - 1}$$

$$(3) \qquad \frac{p_3}{p_1} = \left(\frac{T_2}{T_1}\right)^{\frac{1}{\varkappa-1}} = \left(\frac{T_2}{T_1}\right)^b \qquad b \equiv \frac{1}{\varkappa - 1}$$

Aus (1) und (3) lassen sich nachstehende Proportionen ableiten:

$$(4) \qquad \frac{p_2 - p_1}{p_1} = \frac{T_2^a - T_1^a}{T_1^a}$$

und

$$(5) \qquad \frac{p_3 - p_1}{p_1} = \frac{T_2^b - T_1^b}{T_1^b}$$

Dividiert man (4) durch (5), so erhält man

$$\frac{p_2 - p_1}{p_3 - p_1} = \frac{T_2^a - T_1^a}{T_2^b - T_1^b} \cdot \frac{T_1^b}{T_1^a} = \frac{T_1^a\left[\left(\frac{T_2}{T_1}\right)^a - 1\right]}{T_1^b\left[\left(\frac{T_2}{T_1}\right)^b - 1\right]} \cdot \frac{T_1^b}{T_1^a}$$

$$(6) \qquad \frac{p_2 - p_1}{p_3 - p_1} = \frac{\left(\frac{T_2}{T_1}\right)^a - 1}{\left(\frac{T_2}{T_1}\right)^b - 1}$$

Schreibt man für $T_1 - T_2$ kurz ΔT, so ist

$$T_2 = T_1 - \Delta T \text{ und } \frac{T_2}{T_1} = \frac{T_1 - \Delta T}{T_1} = 1 - \frac{\Delta T}{T_1} = 1 - \alpha,$$

wobei α eine kleine Größe ist.
Aus (6) erhält man

$$\frac{p_2 - p_1}{p_3 - p_1} = \frac{(1-\alpha)^a - 1}{(1-\alpha)^b - 1}.$$

Entwickelt man die Klammerausdrücke in Potenzreihen unter Berücksichtigung, daß $\alpha < 1$ ist, so erhält man

$$\frac{p_2 - p_1}{p_3 - p_1} = \frac{p_1 - p_2}{p_1 - p_3} = \frac{1 - a\alpha + \ldots - 1}{1 - b\alpha + \ldots - 1} = \frac{a}{b}$$

$$= \frac{\frac{\varkappa}{\varkappa - 1}}{\frac{1}{\varkappa - 1}} = \varkappa.$$

Lösung 13. Der Zusammenhang zwischen der mittleren ($\bar{c}$) und wahren (c) spez. Wärme ist gegeben durch die Gleichung

$$\bar{c}\,(t_1 - t_0) = \int_{t_0}^{t_1} c\, dt.$$

Im vorliegenden Falle ist $t_0 = 0$, daher ist einfach

$$\bar{c}\, t_1 = \int_0^{t_1} c\, dt.$$

Durch partielle Differentiation des Integrals nach der oberen Grenze erhält man den Integranden für $t = t_1$, also

$$c\,(t_1) = \frac{\partial}{\partial t_1} \int_0^{t_1} c\, dt = \frac{\partial\,(\bar{c}\, t_1)}{\partial t_1}.$$

Die gemessenen Werte sollen quadratisch ausgeglichen werden, d. h. $\bar{c}$ dargestellt werden als

$$\bar{c} = A + Bt_1 + Ct_1^2 .$$

Daraus folgt

$$c(t_1) = \frac{\partial}{\partial t_1}[(A + Bt_1 + Ct_1^2)\,t_1] = \frac{\partial}{\partial t_1}[At_1 + Bt_1^2 + Ct_1^3]$$

$$(1) \quad c(t_1) = A + 2Bt_1 + 3Ct_1^2 = \bar{c} + t_1(B + 2Ct_1).$$

Um aus den gemessenen Werten $\bar{c}$ die Werte der wahren spez. Wärme zu ermitteln, genügt also die Kenntnis von zwei Konstanten der Ausgleichsparabel.

In den „Logarithmischen Rechentafeln" von *Küster-Thiel-Fischbeck* findet man für die quadratische Ausgleichung nachfolgendes Gleichungssystem:

$$\text{I.} \quad \Sigma y = nA + B \cdot \Sigma x + C \cdot \Sigma x^2$$

$$\text{II.} \quad \Sigma xy = A \cdot \Sigma x + B \cdot \Sigma x^2 + C \cdot \Sigma x^3$$

$$\text{III.} \quad \Sigma x^2y = A \cdot \Sigma x^2 + B \cdot \Sigma x^3 + C \cdot \Sigma x^4$$

Es sind dabei für t_1 jetzt x und für $\bar{c}$ jetzt y geschrieben. Zur Ermittlung der Summen wird nachfolgende Tabelle aufgestellt:

x (t_1)	y $(\bar{c})$	x^2	x^3	x^4	xy	x^2y
100	0,1107	$1 \cdot 10^4$	$1 \cdot 10^6$	$1 \cdot 10^8$	11,07	$1{,}107 \cdot 10^3$
200	0,1161	$4 \cdot$	$8 \cdot$	$16 \cdot$	23,22	$4{,}644 \cdot$
300	0,1215	$9 \cdot$	$27 \cdot$	$81 \cdot$	36,45	$10{,}935 \cdot$
400	0,1275	$16 \cdot$	$64 \cdot$	$256 \cdot$	51,00	$20{,}400 \cdot$
500	0,1337	$25 \cdot$	$125 \cdot$	$625 \cdot$	66,85	$33{,}425 \cdot$
600	0,1417	$36 \cdot$	$216 \cdot$	$1296 \cdot$	85,02	$51{,}012 \cdot$
700	0,1515	$49 \cdot$	$343 \cdot$	$2401 \cdot$	106,05	$74{,}235 \cdot$
800	0,1650	$64 \cdot$	$512 \cdot$	$4096 \cdot$	132,00	$105{,}600 \cdot$
$36 \cdot 10^2$	1,0677	$204 \cdot 10^4$	$1296 \cdot 10^6$	$8772 \cdot 10^8$	511,66	$301{,}358 \cdot 10^3$
Σx	Σy	Σx^2	Σx^3	Σx^4	Σxy	Σx^2y

Mit diesen Werten lauten die drei Gleichungen I, II und III:

$$\text{Ia.} \quad 1{,}0677 = 8A + 36 \cdot 10^2 B + 204 \cdot 10^4 C$$

$$\text{IIa.} \quad 511{,}66 = 36 \cdot 10^2 A + 204 \cdot 10^4 B + 1296 \cdot 10^6 C$$

$$\text{IIIa.} \quad 301{,}36 \cdot 10^3 = 204 \cdot 10^4 A + 1296 \cdot 10^6 B + 8772 \cdot 10^8 C.$$

Durch Auflösung des Gleichungssystems ergibt sich für die beiden gesuchten Konstanten

$$B = 1{,}969 \cdot 10^{-5} \text{ und } C = 6{,}068 \cdot 10^{-8}\,.$$

Damit ergeben sich aus Gleichung (1) für die wahre spez. Wärme die Werte der folgenden Tabelle:

t_1 °C	100	200	300	400	500	600	700	800
c $\frac{\text{cal}}{\text{g} \cdot {}^\circ\text{C}}$	0,1139	0,1249	0,1383	0,1548	0,1739	0,1972	0,2248	0,2584

Lösung 14. Für die Differenz der Molwärmen $C_p - C_v$ ergibt sich aus dem 1. Hauptsatz der Thermodynamik die Beziehung

$$(1) \qquad C_p - C_v = \left[\left(\frac{\partial U}{\partial V}\right)_T + p\right]\left(\frac{\partial V}{\partial T}\right)_p,$$

wenn U die innere Energie eines Mols und V das Molvolumen bedeuten.

Die freie Energie F hängt mit der Entropie S durch die Gleichung

$$(2) \qquad F = U - TS$$

zusammen. Also ist

$$(3) \qquad dF = dU - TdS - SdT.$$

Nach dem 1. Hauptsatz gilt

$$dQ = TdS = dU + pdV,$$

so daß (3) auch in der Form

$$dF = -pdV - SdT$$

geschrieben werden kann.

Da dF ein vollständiges Differential ist, muß gelten

$$\left(\frac{\partial F}{\partial V}\right)_T = -p \text{ und } \left(\frac{\partial F}{\partial T}\right)_V = -S\,.$$

So geht Gleichung (2) über in

$$(4) \qquad F = U + T\left(\frac{\partial F}{\partial T}\right)_v$$

Differenziert man Gleichung (4) partiell nach V bei konstantem T, so folgt

$$\left(\frac{\partial F}{\partial V}\right)_T = -p = \left(\frac{\partial U}{\partial V}\right)_T + T\left(\frac{\partial^2 F}{\partial T\,\partial V}\right)_{V,T}$$

$$= \left(\frac{\partial U}{\partial V}\right)_T + T\left(\frac{\partial^2 F}{\partial V\,\partial T}\right)_{T,V} = \left(\frac{\partial U}{\partial V}\right)_T - T\left(\frac{\partial p}{\partial T}\right)_V.$$

Es ist also

$$\left(\frac{\partial U}{\partial V}\right)_T + p = T\left(\frac{\partial p}{\partial T}\right)_V.$$

Setzt man dieses Ergebnis in Gleichung (1) ein, so erhält man

$$C_p - C_v = T\left(\frac{\partial p}{\partial T}\right)_V \left(\frac{\partial V}{\partial T}\right)_p.$$

Ist V eine Funktion von p und T, so gilt die allgemeine mathematische Beziehung

$$\left(\frac{\partial p}{\partial T}\right)_V = -\frac{\left(\frac{\partial V}{\partial T}\right)_p}{\left(\frac{\partial V}{\partial p}\right)_T}$$

und so erhält man

$$C_p - C_v = -T\frac{\left(\frac{\partial V}{\partial T}\right)_p^2}{\left(\frac{\partial V}{\partial p}\right)_T}$$

Der Ausdehnungskoeffizient und die Kompressibilität sind bei 0° C definiert als

$$\alpha = \frac{1}{V_0}\left(\frac{\partial V}{\partial T}\right)_p \quad \text{und} \quad \varkappa = -\frac{1}{V_0}\left(\frac{\partial V}{\partial p}\right)_T,$$

wenn V_0 das Molvolumen bei 0° C ist. So erhält man schließlich, wenn M das Molekulargewicht bedeutet,

$$C_p - C_v = \frac{T\alpha^2 V_0}{\varkappa} = \frac{T\alpha^2}{\varkappa}\cdot\frac{M}{1000\,\rho}.$$

Mit den angegebenen Zahlenwerten ergibt sich so unter Berücksichtigung der Dimensionen (1 l Atm. = 24,2 cal)

$$C_v = C_p - 24{,}2 \cdot \frac{T\alpha^2}{\varkappa} \cdot \frac{M}{1000\,\rho}$$

$$C_v = 25{,}2 - \frac{24{,}2 \cdot 273 \cdot 1{,}05^2 \cdot 10^{-8} \cdot 46{,}07}{99{,}6 \cdot 10^{-6} \cdot 10^3 \cdot 0{,}924}$$

$$= 21{,}6 \frac{\text{cal}}{\text{Mol} \cdot \text{Grad}}.$$

Lösung 15. Die Zunahme des Wärmeinhaltes errechnet sich als

$$\Delta H = \int_{16}^{35,61} C_p\,dT + L_u + \int_{35,61}^{63,14} C_{p_I}\,dT + L_t + \int_{63,14}^{75} C_{p_{II}}\,dT\,,$$

die Zunahme der Entropie entsprechend als

$$\Delta S = \int_{16}^{35,61} \frac{C_p}{T}\,dT + \frac{L_u}{T_u} + \int_{35,61}^{63,14} \frac{C_{p_I}}{T}\,dT + \frac{L_t}{T_t} + \int_{63,14}^{75} \frac{C_{p_{II}}}{T}\,dT\,.$$

Die Auswertung der Integrale $\int_{16}^{35,61} C_p\,dT$ und $\int_{16}^{35,61} \frac{C_p}{T}\,dT$ geschieht am zweckmäßigsten graphisch. Man zeichne sich die Werte C_p und $\frac{C_p}{T}$ als Funktionen von T in einem Koordinatensystem auf, lege durch die Punkte nach Augenmaß ausgleichend eine Kurve und bestimme den Flächeninhalt unter der Kurve. Man findet so:

$$\int_{16}^{35,61} C_p\,dT = 133\,\text{cal/Mol und} \int_{16}^{35,61} \frac{C_p}{T}\,dT = 5{,}06\,\text{Cl/Mol}\,.$$

Ferner ist

$$\int_{35,61}^{63,14} C_{p_I}\,dT = \int_{35,61}^{63,14} (5{,}32 + 0{,}092\,T)\,dT = 5{,}32\,(63{,}14 - 35{,}61)$$
$$+ 0{,}046\,(63{,}14^2 - 35{,}61^2) = 271{,}5\,\text{cal/Mol}$$

$$\int_{63,14}^{75} C_{p_{II}}\, d\,T = \int_{63,14}^{75} (11,7 + 0,025\; T)\; d\,T = 11,7\;(75 - 63,14)$$
$$+ 0,0125\;(75^2 - 63,14^2) = 159,2\ \mathrm{cal/Mol}$$

$$\int_{35,61}^{63,14} \frac{C_{p\,I}}{T}\, d\,T = \int_{35,61}^{63,14} \left(\frac{5,32}{T} + 0,092\right) d\,T$$
$$= 5,32 \cdot 2,30\;(\lg 63,14 - \lg 35,61) + 0,092\;(63,14 - 35,61)$$
$$= 5,58\ \mathrm{Cl/Mol}$$

$$\int_{63,14}^{75} \frac{C_{p\,II}}{T}\, d\,T = \int_{63,14}^{75} \left(\frac{11,7}{T} + 0,025\right) d\,T$$
$$= 11,7 \cdot 2,30\;(\lg 75 - \lg 63,14) + 0,025\;(75 - 63,14)$$
$$= 2,31\ \mathrm{Cl/Mol}$$

$$\frac{L_u}{T_u} = 1,54\ \mathrm{Cl/Mol} \qquad \frac{L_t}{T_t} = 2,73\ \mathrm{Cl/Mol}.$$

Somit erhält man

$$\Delta H = 791\ \mathrm{cal/Mol}\ \text{und}\ \Delta S = 17,22\ \mathrm{Cl/Mol}.$$

Lösung 16. Nach *Kirchhoff* ist

$$\frac{d\,L_d}{d\,t} = C_{p_D} - C_{p_W}\,.$$

Durch Integration folgt hieraus

$$L_{d_{100}} - L_{d_0} = \int_0^{100} \left(C_{p_D} - C_{p_W}\right) d\,T = 100\left(\bar{C}_{p_D} - \bar{C}_{p_W}\right).$$

Aus der Gleichung für $\bar{c}_{p_D}$ erhält man für das Gebiet zwischen 100° C und 0° C den Wert

$$\bar{c}_{p_D} = 0,4574\ \frac{\mathrm{cal}}{\mathrm{g} \cdot {}^\circ\mathrm{C}}$$

und daraus

$$\bar{C}_{p_D} = 18,02 \cdot \bar{c}_{p_D} = 8,24\ \frac{\mathrm{cal}}{\mathrm{Mol} \cdot {}^\circ\mathrm{C}}\,.$$

Damit wird $L_{d_0} = L_{d_{100}} - 100\,(\overline{C}_{pD} - \overline{C}_{pW})$

$= 9715 - 100\,(8{,}24 - 18{,}02) = 10693$ cal/Mol

$L_{d_0} = 10{,}69$ kcal/Mol.

Lösung 17. Nach *Clausius* und *Clapeyron* ist

$$\frac{d\ln p}{dT} = \frac{L_d}{RT^2} \tag{1}$$

L_d soll eine lineare Funktion der Temperatur sein, ist also durch die Gleichung

$$L_d = A + BT$$

gegeben.

Durch Einsetzen dieses Ausdruckes in (1) folgt

$$\frac{d\ln p}{dT} = \frac{A + BT}{RT^2} = \frac{A}{R}\cdot\frac{1}{T^2} + \frac{B}{R}\cdot\frac{1}{T}\,.$$

Die Integration ergibt

$$\ln p = \frac{A}{R}\int\frac{dT}{T^2} + \frac{B}{R}\int\frac{dT}{T} = -\frac{A}{R}\cdot\frac{1}{T} + \frac{B}{R}\cdot\ln T + C.$$

Die Integrationskonstante C ermittelt man unter Berücksichtigung der Tatsache, daß bei $T_k = 373{,}2°$ K (100° C) der Dampfdruck des Wassers den Wert $p_k = 760$ Torr hat. Es ist also

$$\ln p_k = -\frac{A}{R}\cdot\frac{1}{T_k} + \frac{B}{R}\cdot\ln T_k + C$$

$$C = \ln p_k + \frac{A}{R}\cdot\frac{1}{T_k} - \frac{B}{R}\cdot\ln T_k\,.$$

So ergibt sich schließlich

$$\ln p - \ln p_k = \frac{A}{R}\left(\frac{1}{T_k} - \frac{1}{T}\right) + \frac{B}{R}\,(\ln T - \ln T_k)$$

$$\ln\frac{p}{p_k} = \frac{A}{R}\left(\frac{1}{T_k} - \frac{1}{T}\right) + \frac{B}{R}\ln\frac{T}{T_k}$$

$$\frac{p}{p_k} = e^{\frac{A}{RT_k}}\cdot e^{-\frac{A}{RT}}\cdot\left(\frac{T}{T_k}\right)^{\frac{B}{R}}$$

$$(2)\quad p = p_k \cdot \frac{e^{\frac{A}{RT_k}}}{T_k^{\frac{B}{R}}} \cdot T^{\frac{B}{R}} \cdot e^{-\frac{A}{RT}}.$$

Zur Ermittlung der Konstanten A und B werden die in der Tabelle (siehe Aufgabentext!) gegebenen Werte l_d zweckmäßigerweise auf ein Hilfskoordinatensystem (Δt, Δl), dessen Ursprung bei $t = 101{,}8$ und $l_d = 538{,}3$ liegt, umgerechnet.

Δt (x)	—20,9	—12,3	—5,6	0	4,8	9,0	14,5	20,8
Δl (y)	12,3	7,3	3,4	0	—3,0	—5,6	—9,2	—13,3

Mit diesen kleinen Zahlen arbeitet man weiter unter Benutzung des in den „Logarithmischen Rechentafeln" von *Küster-Thiel-Fischbeck* angegebenen Rechenschemas für die lineare Ausgleichung nach der Methode der kleinsten Quadrate. Danach gilt für die Konstanten a und b der gesuchten Geraden im Δt, Δl (x, y) — Koordinatensystem

$$a = \frac{\Sigma x \cdot \Sigma xy - \Sigma x^2 \cdot \Sigma y}{(\Sigma x)^2 - n \cdot \Sigma x^2}$$

$$b = \frac{\Sigma x \cdot \Sigma y - n \cdot \Sigma xy}{(\Sigma x)^2 - n \cdot \Sigma x^2}.$$

Die Ermittelung der zur Berechnung von a und b benötigten Summen ergibt sich aus nachstehender Tabelle·

Δt (x)	Δl (y)	$(\Delta t)^2$ (x^2)	$\Delta t \cdot \Delta l$ (xy)
— 20,9	12,3	436,8	— 257,1
— 12,3	7,3	151,3	— 89,8
— 5,6	3,4	31,4	— 19,0
0	0	0	0
4,8	— 3,0	23,0	— 14,4
9,0	— 5,6	81,0	— 50,4
14,5	— 9,2	210,3	— 133,4
20,8	— 13,3	432,6	— 276,6
10,3	— 8,1	1366,4	— 840,7

$$n = 8$$
$$\Sigma x = 10{,}3$$
$$\Sigma y = -8{,}1$$
$$\Sigma x y = -840{,}7$$
$$\Sigma x^2 = 1366{,}4$$
$$(\Sigma x)^2 = 106{,}1$$
$$a = \frac{-10{,}3 \cdot 840{,}7 + 1366{,}4 \cdot 8{,}1}{106{,}1 - 8 \cdot 1366{,}4} = -0{,}2225$$
$$b = \frac{-10{,}3 \cdot 8{,}1 + 8 \cdot 840{,}7}{106{,}1 - 8 \cdot 1366{,}4} = -0{,}6136.$$

Die Gleichung für die Temperaturabhängigkeit der spez. Verdampfungswärme l_d lautet

$$l_d = a' + b' T$$

und die Konstanten a' und b' hängen mit a und b wie folgt zusammen:

$$a' = 538{,}3 + a - b\,(101{,}8 + 273{,}2)$$
$$= 538{,}3 - 0{,}2 + 230{,}1 = 768{,}2$$
$$b' = b = -0{,}6136\,.$$

Für die molare Verdampfungswärme L_d erhält man die entsprechenden Konstanten A und B durch Multiplikation von a' und b' mit dem Molekulargewicht des Wassers 18,02.

$$A = 13843 \qquad B = -11{,}057\,.$$

Diese Werte müssen neben p_k und T_k in (2) eingesetzt werden.

Lösung 18. In einem Kilogramm der 10-prozentigen Rohrzuckerlösung sind 100 g Zucker und 900 g Wasser enthalten. Diese haben vor dem Vermischen folgende Volumina:

$$v_{\text{Zucker}} = \frac{100}{1{,}5879} = 62{,}98 \text{ ccm}$$

$$v_{H_2O} = \frac{900}{0{,}99913} = 900{,}78 \text{ ccm}$$

Mithin ist

$$v_{\text{Zucker}} + v_{H_2O} = 963{,}76 \text{ ccm}.$$

Das Volumen von 1 kg Lösung beträgt hingegen

$$v_{\text{Lösg.}} = \frac{1000}{1{,}0393} = 962{,}18 \text{ ccm};$$

die Volumenkontraktion hat also den Wert

$$\Delta v = 963{,}76 - 962{,}18 = 1{,}58 \text{ ccm}.$$

Lösung 19. Bei einer Mischung, die n_A Mole Alkohol und n_W Mole Wasser in einem Volumen v enthält, ergibt sich das Mischungsmolvolumen V aus folgender Rechnung:

$$v = V_A n_A + V_W n_W$$

$$V = \frac{v}{n_A + n_W} = V_A \cdot \frac{n_A}{n_A + n_W} + V_W \cdot \frac{n_W}{n_A + n_W}$$

$$= V_A x_A + V_W x_W .$$

$$V = V_A x_A + V_W (1 - x_A)$$

$$(1) \quad V = V_W + x_A (V_A - V_W),$$

x_A und x_W bedeuten die Molenbrüche.

Um die beiden Unbekannten, V_W und V_A, auszurechnen, braucht man noch eine zweite Gleichung; sie lautet:

$$(2) \qquad \frac{dV}{dx_A} = V_A - V_W$$

und ist der mathematische Ausdruck dafür, daß das Mischungsmolvolumen bei einer Änderung der Zusammensetzung sich deswegen ändert, weil die partiellen Molvolumina der Komponenten verschieden sind.

Aus (1) und (2) ergibt sich

$$V = V_W + x_A \frac{dV}{dx_A}$$

$$V_W = V - x_A \frac{dV}{dx_A} \text{ und } V_A = V + (1 - x_A) \frac{dV}{dx_A}.$$

Im vorliegenden Falle ist $x_A = 0{,}5$, daher ist

$$V_W = V - 0{,}5 \frac{dV}{dx_A} \text{ und } V_A = V + 0{,}5 \frac{dV}{dx_A}.$$

Zur Ermittelung von V findet man zunächst die prozentische Zusammensetzung einer Mischung mit $x_A = 0{,}5$.

Eine solche Mischung enthält 0,5 Mole CH_3OH (Molekulargewicht 32,042) und 0,5 Mole H_2O (Molekulargewicht 18,016), daher ist der Alkoholprozentgehalt p

$$p = \frac{0{,}5 \cdot 32{,}042 \cdot 100}{0{,}5\ (32{,}042 + 18{,}016)} = 64{,}01\%\,.$$

Die Dichte einer solchen Mischung ergibt sich durch Interpolation zwischen den Tabellenwerten zu $\rho = 0{,}88888$ g/cm³. Damit wird

$$V = \frac{0{,}5\ (32{,}042 + 18{,}016)}{0{,}88888} = 28{,}158 \text{ cm}^3/\text{Mol}.$$

Da die Funktion $V = f\,(x_A)$ nicht durch eine Gleichung gegeben ist, berechnet man statt des Differentialquotienten $\frac{dV}{dx_A}$ den Differenzenquotienten $\frac{\Delta V}{\Delta x_A}$ mit Hilfe der Tabellenwerte.

Einem Alkoholgehalt von 65% entspricht ein Molenbruch x'_A, der sich aus nachstehender Rechnung ergibt:

$$(3) \qquad \frac{x'_A \cdot 32{,}042}{x'_A \cdot 32{,}042 + (1 - x'_A) \cdot 18{,}016} = 0{,}65$$

$$\frac{1}{1 + \left(\frac{1}{x'_A} - 1\right) \cdot \frac{18{,}016}{32{,}042}} = 0{,}65$$

$$x'_A = \frac{1}{\frac{32{,}042}{18{,}016}\left(\frac{1}{0{,}65} - 1\right) + 1} = 0{,}5108\,.$$

Das zu x'_A gehörende Mischungsmolvolumen V' ist

$$V' = \frac{x'_A \cdot 32{,}042 + (1 - x'_A) \cdot 18{,}016}{0{,}88662}$$

oder unter Benutzung der Gleichung (3)

$$V' = \frac{x'_A \cdot 32{,}042}{0{,}65 \cdot 0{,}88662} = \frac{0{,}5108 \cdot 32{,}042}{0{,}65 \cdot 0{,}88662} = 28{,}400 \text{ cm}^3\,.$$

So erhält man aus den für 64,01% und 65% geltenden Werten

$$\frac{\Delta V}{\Delta x_A} = \frac{V' - V}{x'_A - x_A} = \frac{28{,}400 - 28{,}158}{0{,}5108 - 0{,}5000} = \frac{0{,}242}{0{,}0108} = 22{,}4\,\text{cm}^3.$$

Mit diesem Wert ergibt sich schließlich

$$V_W = 28{,}158 - 11{,}2 = 16{,}96\ \text{cm}^3/\text{Mol}$$
$$V_A = 28{,}158 + 11{,}2 = 39{,}36\ \text{cm}^3/\text{Mol}\,.$$

Die reinen Flüssigkeiten besitzen dagegen die Molvolumina

$$V^\circ_W = \frac{18{,}016}{0{,}99913} = 18{,}03\ \text{cm}^3/\text{Mol und}$$

$$V^\circ_A = \frac{32{,}042}{0{,}79578} = 40{,}27\ \text{cm}^3/\text{Mol}.$$

Es liegt demnach keine ideale Mischung vor.

Lösung 20. Nach *Clausius* und *Clapeyron* gilt, wenn L_d die molare Verdampfungswärme bedeutet,

$$\frac{d\ln p}{dT} = \frac{L_d}{RT^2}.$$

Durch Differentiation dieser Gleichung nach T folgt

$$\frac{d^2\ln p}{dT^2} = \frac{\frac{dL_d}{dT}RT^2 - 2RL_dT}{R^2T^4} = \frac{T\frac{dL_d}{dT} - 2L_d}{RT^3}$$

$$RT^3\frac{d^2\ln p}{dT^2} = T\frac{dL_d}{dT} - 2L_d$$

$$\frac{1}{L_d}\cdot\frac{dL_d}{dT} = \frac{RT^2}{L_d}\frac{d^2\ln p}{dT^2} + \frac{2}{T}$$

(1) $$\frac{1}{L_d}\cdot\frac{dL_d}{dT} = \frac{\frac{d^2\ln p}{dT^2}}{\frac{d\ln p}{dT}} + \frac{2}{T}.$$

Aus der im Aufgabentext gegebenen Temperaturfunktion für $\lg p$ erhält man

$$\ln p = 2{,}303 \cdot 128{,}76 - \frac{2{,}303 \cdot 4481{,}1}{T} - 52{,}309 \ln T + 2{,}303 \cdot 7{,}153 \cdot 10^{-2}\, T - 2{,}303 \cdot 4{,}1847 \cdot 10^{-5}\, T^2$$

(2) $$\frac{d \ln p}{dT} = \frac{2{,}303 \cdot 4481{,}1}{T^2} - \frac{52{,}309}{T} + 2{,}303 \cdot 7{,}153 \cdot 10^{-2} - 2 \cdot 2{,}303 \cdot 4{,}1847 \cdot 10^{-5}\, T$$

(3) $$\frac{d^2 \ln p}{dT^2} = -\frac{2 \cdot 2{,}303 \cdot 4481{,}1}{T^3} + \frac{52{,}309}{T^2} - 2 \cdot 2{,}303 \cdot 4{,}1847 \cdot 10^{-5}$$

Durch Einsetzen der Ausdrücke (2) und (3) in Gleichung (1) erhält man für den Temperaturkoeffizienten der Verdampfungswärme bei 83° C = 356° K den Wert

$$\frac{1}{L_d} \cdot \frac{dL_d}{dT} = -0{,}0021 = -0{,}21\,\%\,.$$

Lösung 21. Für einen bestimmten Druck, z. B. 500 Torr, wird für beide Temperaturen durch lineare Interpolation (Gültigkeit des *Henry*schen Gesetzes!) zwischen den gegebenen Werten der Molenbruch x_{HCl} ermittelt. Es ist

für $t_1 = 19{,}84°$ $\quad x_1 = 92{,}5 \cdot 10^{-4}$
für $t_2 = 40{,}00°$ $\quad x_2 = 72{,}8 \cdot 10^{-4}$.

Die Lösungswärme L_l errechnet sich aus der Gleichung

$$\frac{d \ln \dfrac{x_{HCl}}{p_{HCl}}}{dT} = \frac{L_l}{RT^2}.$$

Durch Integration erhält man unter Konstanthaltung von p_{HCl}

$$\ln \frac{x_2}{x_1} = \frac{L_l}{R} \int_{T_1}^{T_2} \frac{dT}{T^2} = \frac{L_l}{R} \left(\frac{1}{T_1} - \frac{1}{T_2} \right) = \frac{L_l}{R} \cdot \frac{\Delta T}{T_1 T_2}$$

$$L_l = 2{,}303 \cdot \lg \frac{x_2}{x_1} \cdot \frac{R T_1 T_2}{\Delta T} = -2{,}16 \cdot 10^3 \ \mathrm{cal/Mol}.$$

Lösung 22. Unter der „differentialen Lösungswärme" Λ_0 versteht man diejenige Wärmemenge, die man aufwenden muß, um 1 Mol KF in einer so großen Menge einer KF-Lösung von der Konzentration c aufzulösen, daß dabei praktisch keine Änderung der Konzentration eintritt. Unter der „ganzen Lösungswärme" versteht man diejenige Wärmemenge, die benötigt wird, wenn man 1 Mol KF in so viel Lösungsmittel auflöst, daß gerade eine gesättigte Lösung entsteht. Bezeichnen wir die „ganze Lösungswärme" mit L_s, so besteht zwischen L_s und Λ_0 die Beziehung

$$L_s = \frac{1}{c_s} \int_0^{c_s} \Lambda_0 \, dc ,$$

wenn c_s die Sättigungskonzentration bedeutet.

Die Auswertung des Integrals erfolgt graphisch. In einem Koordinatensystem zeichne man sich die Kurve $-\Lambda_0 = f(c)$ und wähle dabei die Maßstäbe z. B. so, daß auf der Abszissenachse $\frac{2 \text{ Mole } KF}{100 \text{ Mole } H_2O}$ durch eine Strecke von der Länge 1 cm und auf der Ordinatenachse $\frac{1 \text{ kcal}}{\text{Mol } KF}$ durch eine 5 cm lange Strecke dargestellt werden. Nachdem man die Kurve $-\Lambda_0 = f(c)$ eingezeichnet hat, ermittelt man den Flächeninhalt unter der Kurve durch Auszählen und findet ihn zu 183,5 cm². Da 1 cm² $\frac{0{,}4 \text{ kcal}}{100 \text{ Mole } H_2O}$ bedeutet und $c_s = 30{,}49 \frac{\text{Mole } KF}{100 \text{ Mole } H_2O}$ ist, ergibt sich

$$L_s = -\frac{1}{30{,}49} \cdot 183{,}5 \cdot 0{,}4 = -2{,}41 \frac{\text{kcal}}{\text{Mol} KF} \cdot$$

Lösung 23. Unter der „integralen Lösungswärme" L_0 versteht man diejenige Wärmemenge, die man aufwenden muß, um 1 Mol Substanz (KF) in so viel Lösungsmittel aufzulösen, daß eine Lösung der Konzentration c entsteht. Ein spezieller Wert der „integralen Lösungswärme“ ist die „ganze Lösungswärme“ (vgl. Aufg. 22). Für den Zusammenhang zwischen L_c und Λ_c gilt

$$L_c = \frac{1}{c}\int_0^c \Lambda_c \, dc.$$

Hieraus ergibt sich

$$L_c \cdot c = \int_0^c \Lambda_c \, dc$$

und

$$\Lambda_c = \frac{\partial}{\partial c}\int_0^c \Lambda_c \, dc = \frac{\partial}{\partial c}(L_c \cdot c)$$

Die im Aufgabentext gegebene Tabelle ergänzt man zunächst durch die Werte $L_c \cdot c$ und erhält:

c $\frac{\text{Mole } KF}{100 \text{ Mole } H_2O}$	10	12	14	16	18
$L_c \cdot c$ $\frac{\text{kcal}}{100 \text{ Mole } H_2O}$	—38,78	—45,46	—51,55	—56,86	—61,38

Trägt man die Werte $L_c \cdot c$ gegen c in ein Koordinatensystem ein, legt durch die gezeichneten Punkte eine Kurve und ermittelt graphisch die Lage der Kurventangenten, so gibt der Tangens des Neigungswinkels derselben die gesuchten differentialen Lösungswärmen. Rechnerisch erhält man den Tangens des Neigungswinkels der Tangente für den Punkt mit $c = 12$ als Abszisse in erster Näherung, wenn man durch die beiden Nachbarpunkte eine Sehne zieht und deren Neigungswinkel bestimmt. So ist z. B.

$$\Lambda_{12} = \frac{L_{14} \cdot 14 - L_{10} \cdot 10}{14 - 10} = \frac{-51,55 + 38,78}{4}$$

$$= -3,19 \frac{\text{kcal}}{\text{Mol } KF} \cdot$$

In gleicher Weise ermittle man Λ_{14} und Λ_{16} und überzeuge sich, daß die so gerechneten Werte mit denen der Tabelle in Aufg. 22 übereinstimmen.

Lösung 24. Nach dem Satz von der geraden Mittellinie (Regel von *Cailletet* und *Mathias*) muß diese bei 40° C durch einen Punkt gehen, der einem Phenolgehalt

$$9{,}78 + \frac{66{,}81 - 9{,}78}{2} = 38{,}30\%$$

entspricht. Für 50° und 60° findet man in gleicher Weise

$$50° \qquad 12{,}08 + \frac{62{,}83 - 12{,}08}{2} = 37{,}46\%$$

$$60° \qquad 17{,}10 + \frac{56{,}10 - 17{,}10}{2} = 36{,}60\%\,.$$

Für je 1° Temperaturerhöhung verkleinern sich die Ordinatenwerte der geraden Mittellinie

zwischen 40° und 50° um $0{,}1 \cdot (38{,}30 - 37{,}46) = 0{,}084\%$,
zwischen 50° und 60° um $0{,}1 \cdot (37{,}46 - 36{,}60) = 0{,}086\%$,
im Mittel also um 0,085%. Damit erhält man für die Löslichkeit bei 68,8° C:

$$36{,}60 - (68{,}8 - 60{,}0) \cdot 0{,}085 = 35{,}85\%\,.$$

Lösung 25. Wenn Phenol in Form von Mehrfachmolekeln im Benzol vorliegt, muß zwischen c_B und c_W ein funktioneller Zusammenhang der Art

$$(1) \qquad c_B = k\, c_W^n$$

bestehen. k und n sind konstante Größen, von denen die letztere die Zahl der zu einer Mehrfachmolekel vereinigten Einzelmolekeln angibt.

Aus (1) folgt

$$\lg c_B = \lg k + n \lg c_W\,.$$

Trägt man in einem Koordinatensystem $\lg c_B$ gegen $\lg c_W$ oder in doppelt logarithmischem Papier c_B gegen c_W auf, so erhält man eine Gerade, deren Neigung n

den Wert 2 hat. Man überzeuge sich davon an Hand einer Zeichnung! Das gesuchte Molekulargewicht ist damit 188,2.

Lösung 26. Die wässerige Jodlösung enthalte vor dem Schütteln a g Jod im l, nach dem Schütteln mit CS_2 noch x g/l. $a - x$ g Jod sind dann in die 100 cm³ CS_2 übergegangen, wobei die so entstandene Lösung eine Konzentration 10 $(a - x)$ g/l erhalten hat. Nach dem *Nernst*schen Verteilungssatz gilt dann

$$\frac{x}{10\,(a - x)} = k_1$$

$$x = 10\,a\,k_1 - 10\,k_1\,x$$

$$x = a\,\frac{10\,k_1}{1 + 10\,k_1}.$$

Der Tetrachlorkohlenstoff wird in n Teile vom Volumen $\frac{100}{n}$ cm³ aufgeteilt. Schüttelt man die wässerige Jodlösung mit der ersten Teilmenge, so werden ihr $a - y_1$ g Jod entzogen. Es gilt ähnlich wie oben

$$\frac{y_1}{10\,n\,(a - y_1)} = k$$

$$y_1 = a\,\frac{10\,n\,k}{1 + 10\,n\,k}.$$

Nach dem zweiten Schütteln enthält die wässerige Lösung nur noch y_2 g Jod im Liter. Diese Menge berechnet sich genau so wie y_1, nur ist jetzt die Jodanfangsmenge y_1 statt a.

$$y_2 = y_1\,\frac{10\,n\,k}{1 + 10\,n\,k} = a\left(\frac{10\,n\,k}{1 + 10\,n\,k}\right)^2.$$

Nach dem Schütteln mit der n-ten Teilmenge weist die wässerige Lösung nur noch einen Jodgehalt von

$$y_n = a\left(\frac{10\,n\,k}{1 + 10\,n\,k}\right)^n \quad \text{auf.}$$

Es soll nun $x = y_n$ sein, daher ist

$$a\frac{10\,k_1}{1+10\,k_1} = a\left(\frac{10\,n\,k}{1+10\,n\,k}\right)^n$$

$$\frac{10\cdot 0{,}0017}{1+10\cdot 0{,}0017} = \left(\frac{10\cdot 0{,}0116\cdot n}{1+10\cdot 0{,}0116\,n}\right)^n$$

$$0{,}0167 = \left(\frac{0{,}116\,n}{1+0{,}116\,n}\right)^n.$$

Die Gleichung kann nach dem Iterationsverfahren gelöst werden. Logarithmiert man sie, so folgt

$$\lg 0{,}0167 = n \lg \frac{0{,}116\,n}{1+0{,}116\,n}$$

$$n = \frac{\lg 0{,}0167}{\lg \dfrac{0{,}116\,n}{1+0{,}116\,n}} = -\frac{1{,}777}{\lg \dfrac{0{,}116\,n}{1+0{,}116\,n}}.$$

Nimmt man als erste Näherung n_1 den Wert 1 an und setzt ihn in den Ausdruck rechts vom Gleichheitszeichen ein, so erhält man $n_2 = 1{,}81$. Setzt man diesen letzteren Wert ein, so folgt $n_3 = 2{,}44$ und so fort. Durch dieses Verfahren erhält man die Zahlenfolge:

$$n_1 = 1,\ n_2 = 1{,}81,\ n_3 = 2{,}44,\ n_4 = 2{,}74,$$
$$n_5 = 2{,}88,\ n_6 = 2{,}96,\ n_7 = 3{,}00,\ n_8 = 3{,}02,$$
$$n_9 = 3{,}03,\ n_{10} = 3{,}03\,.$$

Die Wurzel der Gleichung ist also 3,03. Man wird daher mit praktisch ausreichender Genauigkeit beim dreimaligen Schütteln mit $\frac{100}{3} = 33{,}3\ \text{cm}^3\ CCl_4$ denselben Effekt erzielen, wie beim einmaligen Schütteln mit $100\ \text{cm}^3\ CS_2$.

Lösung 27. Die Gefrierpunktserniedrigung ΔT_f errechnet sich aus der Gleichung

$$(1)\qquad \Delta T_f = E\frac{g}{m\,G},$$

wenn g das Gewicht des gelösten Stoffes vom Molekulargewicht m, G das Gewicht des Lösungsmittels und E eine Konstante bedeuten. Letztere hängt mit der Schmelzwärme durch die Gleichung

$$E = \frac{R T_f^2}{l_f} \tag{2}$$

zusammen. Die Gleichungen (1) und (2) kombiniert ergeben

$$\Delta T_f = \frac{R T_f^2}{l_f} \cdot \frac{g}{mG} .$$

Daraus folgt

$$m = \frac{R T_f^2}{l_f} \cdot \frac{g}{G} \cdot \frac{1}{\Delta T_f} .$$

Da es sich um eine 5,833-prozentige Lösung handelt, enthält diese 5,833 g Alkohol und 100 — 5,833 = 94,167 g Eisessig. So erhält man für das Molekulargewicht des Äthylalkohols

$$m = \frac{1{,}986 \cdot 290^2 \cdot 5{,}833}{43{,}6 \cdot 94{,}167 \cdot 4{,}49} = 52{,}85 .$$

Dieses mittlere Molekulargewicht kommt dadurch zustande, daß von 100 Molen mit dem einfachen Molgewicht 46,07 nur noch $100 - \alpha$ Mole vorliegen, während der Rest $\frac{\alpha}{2}$ Mole vom Molgewicht 92,14 ergibt. Die Gesamtzahl der Mole ist also $100 - \alpha + \frac{\alpha}{2} = 100 - \frac{\alpha}{2}$, und daher besteht die Beziehung

$$\frac{100}{100 - \frac{\alpha}{2}} = \frac{52{,}85}{46{,}07} .$$

Daraus erhält man $\alpha = 25{,}7\%$.

Lösung 28. Nach *Clausius* und *Clapeyron* gilt:

$$\frac{d \ln p}{dT} = \frac{L_d}{RT^2}$$

$$\frac{1}{p}\frac{dp}{dt} = \frac{L_d}{RT^2} . \tag{1}$$

Die Siedepunktserhöhung Δt_k ist allgemein gegeben als

$$\Delta t_k = \frac{n}{N+n} \cdot \frac{R T_k^2}{L_d}$$

oder, wenn die Molzahl n des Gelösten klein gegen die Molzahl N des Lösungsmittels ist,

$$(2) \qquad \Delta t_k = \frac{n}{N} \cdot \frac{R T_k^2}{L_d} .$$

Aus (1) und (2) folgt für $T = T_k$

$$\frac{1}{p} \frac{dp}{dt} = \frac{n}{N} \cdot \frac{1}{\Delta t_k} .$$

Die Molzahlen n des Naphthalins und N des Äthers sind

$$n = \frac{0{,}564}{128{,}2} = 0{,}0044 , \qquad N = \frac{48{,}2}{74{,}12} = 0{,}65 .$$

Damit ergibt sich

$$\frac{1}{p} \frac{dp}{dt} = \frac{0{,}0044}{0{,}65} \cdot \frac{1}{0{,}196} = 0{,}0346 \approx 3{,}5\% \text{ pro Grad.}$$

Lösung 29. Nach der Gleichung von *Clausius* und *Clapeyron* besteht zwischen Sättigungsdruck und Temperatur die Beziehung

$$\frac{d \ln p}{dT} = \frac{L_d}{R T^2} ;$$

nach der Regel von *Trouton* hat die Verdampfungsentropie $\frac{L_d}{T_k}$ einen Wert von der Größenordnung 22.

Die *Clausius-Clapeyron*sche Gleichung läßt sich wie folgt umformen:

$$\frac{d \ln p}{dT} = 2{,}3 \cdot \frac{d \lg p}{dT} = \frac{L_d}{R T^2}$$

$$2{,}3 \cdot \frac{d \lg p}{\frac{1}{T} dT} = \frac{L_d}{R T}$$

$$2{,}3 \cdot \frac{d\,lg\,p}{d\,ln\,T} = \frac{d\,lg\,p}{d\,lg\,T} = \frac{L_d}{R\,T}$$

$$R \cdot \frac{d\,lg\,p}{d\,lg\,T} = \frac{L_d}{T}.$$

Wegen der *Trouton*schen Regel muß also in der Nähe des normalen Siedepunktes (beim Tetrahydronaphthalin $T_k = 206°$)

$$R\frac{d\,lg\,p}{d\,lg\,T} \approx 22 \quad \text{sein.}$$

Den Ausdruck $\frac{d\,lg\,p}{d\,lg\,T}$ erhält man aus der im Aufgabentext gegebenen Gleichung durch Differentiation derselben nach $\lg T$. Es ist

$$lg\,p = -\frac{2681{,}3}{T} + 175\,lg\,T - 0{,}003214\,T + 5{,}3145$$

$$\frac{d\,lg\,p}{d\,lg\,T} = \frac{d}{dT}\left(-\frac{2681{,}3}{T}\right) \cdot \frac{1}{\frac{d\,lg\,T}{dT}} + 175 - \frac{d}{dT}\left(0{,}003214\,T\right) \cdot \frac{1}{\frac{d\,lg\,T}{dT}}$$

$$\frac{d\,lg\,p}{d\,lg\,T} = \frac{2681{,}3}{T^2} \cdot 2{,}3\,T + 175 - 0{,}003214 \cdot 2{,}3\,T$$

$$\frac{d\,lg\,p}{d\,lg\,T} = \frac{6167}{T} + 175 - 0{,}007392\,T.$$

Es muß also für in der Nähe von 206° C gelegene Temperaturen

$$R\left(\frac{6167}{T} + 175 - 0{,}007392\,T\right) \approx 22$$

$$1{,}986\left(\frac{6167}{T} + 175 - 0{,}007392\,T\right) \approx 22 \quad \text{sein.}$$

Rechnet man sich den Wert des letzteren Ausdruckes für $t = 200°$ C ($T = 473°$ K) aus, so erhält man nicht etwa 22, sondern etwa 365 in vollständigem Widerspruch zur *Trouton*schen Regel. Man erkennt aber sofort, daß das zweite Glied der angegebenen Formel nicht 175 $lg\,T$, sondern 1,75 $lg\,T$ heißen muß. Rechnet man jetzt $R\frac{d\,lg\,p}{d\,lg\,T}$ für 473° K aus, so erhält man 22,5.

Lösung 30. Um aus der Kapillarröhre durch den Tetrachlorkohlenstoff Luftblasen herausdrücken zu können, müssen der Flüssigkeitsdruck des CCl_4 und die Oberflächenkräfte, die der Bildung der Blasen entgegenwirken, überwunden werden. 2 cm CCl_4 entsprechen einer Wassersäule von der Höhe $h_1 = 2\,\rho = 2 \cdot 1{,}59 = 3{,}18$ cm $= 31{,}8$ mm.

Damit sich an der Kapillarenmündung eine Blase ablöst, muß ein um den Betrag Δp größerer Überdruck angewandt werden, der sich aus folgender Gleichung berechnet:

$$(1) \qquad \Delta p \cdot \pi r^2 = 2\,\pi r\,\sigma$$

$$\Delta p = \frac{2\,\sigma}{r}\,\frac{\text{dyn}}{\text{cm}^2}.$$

σ ist dabei die Oberflächenspannung des Tetrachlorkohlenstoffs. Links vom Gleichheitszeichen steht in Gleichung (1) die die Blase in die Flüssigkeit hinaustreibende Druckkraft, rechts vom Gleichheitszeichen die der Bildung der Blase entgegenwirkende Oberflächenkraft.

Dem Druck Δp entspricht eine Wassersäule von der Höhe

$$h_2 = \frac{\Delta p}{981}\ \text{cm Wassersäule}$$

$$h_2 = \frac{\Delta p}{98{,}1}\ \text{mm Wassersäule.}$$

Der Gesamtüberdruck ist also h

$$h = h_1 + h_2 = 31{,}8 + \frac{2\,\sigma}{98{,}1\,r} = 31{,}8 + \frac{2}{98{,}1 \cdot 0{,}01}\,\sigma$$
$$= 31{,}8 + 2{,}04\,\sigma.$$

σ muß dabei in $\frac{\text{dyn}}{\text{cm}}$ eingesetzt werden.

Die Oberflächenspannung σ hängt nach *Eötvös* mit der kritischen Temperatur t_{kr} nach der Gleichung

$$\sigma\left(\frac{M}{\rho}\right)^{2/3} = 2{,}1\left(t_{kr} - 6 - t\right)$$

zusammen. M ist das Molekulargewicht der Flüssigkeit und t die Temperatur, bei der σ bestimmt wird. Die kritische Temperatur wiederum steht im Zusammenhang mit den Konstanten der *van der Waals*schen Gleichung. Es ist

$$T_{kr} = 273 + t_{kr} = \frac{8a}{27\,Rb}\,.$$

Im vorliegenden Falle ist

$$t_{kr} = \frac{8 \cdot 19{,}6}{27 \cdot 0{,}082 \cdot 0{,}127} - 273 = 285^{\circ}\,\text{C}.$$

Das Molekulargewicht von CCl_4 ist 153,8, somit erhält man für die Oberflächenspannung

$$\sigma = 2{,}1\left(t_{kr} - 6 - t\right)\left(\frac{\rho}{M}\right)^{2/3}$$

$$\sigma = 2{,}1\left(285 - 6 - 20\right)\cdot\left(\frac{1{,}59}{153{,}8}\right)^{2/3} = 25{,}8\,\frac{\text{dyn}}{\text{cm}}\,.$$

So ergibt sich endlich für den gesuchten Überdruck h

$$h = 31{,}8 + 2{,}04 \cdot 25{,}8 = 84{,}4 \text{ mm Wassersäule.}$$

Lösung 31. Nach der von *Langmuir* angegebenen Gleichung müßte gelten

$$z = \frac{z_\infty \cdot p}{p + k}, \tag{1}$$

wobei z_∞ und k zwei Konstanten sind. Durch Umformung von Gleichung (1) erhält man

$$z_\infty \cdot \frac{p}{z} = p + k$$

$$p = z_\infty \cdot \frac{p}{z} - k\,.$$

Bezeichnen wir $\frac{p}{z}$ mit x, so lautet die letzte Gleichung

$$p = z_\infty \cdot x - k\,.$$

Dies ist die Gleichung einer geraden Linie. Rechnet man sich aus den gegebenen Werten p und z die Werte $x = \frac{p}{z}$ aus und trägt in einem Koordinatensystem p gegen x auf, so muß bei Gültigkeit der *Langmuir*-Gleichung sich eine gerade Linie ergeben.

Man überzeuge sich davon, daß dies hier der Fall ist. Die Gleichung der Adsorptionsisotherme von *Freundlich* lautet

(2) $$z = C p^n\,.$$

Trägt man z gegen p in doppelt logarithmischem Papier auf, so muß sich eine Gerade ergeben, sofern die Meßwerte durch Gleichung (2) beschrieben werden. Man überzeuge sich davon, daß die im doppelt logarithmischen Papier gezeichnete Kurve eine deutliche Krümmung aufweist.

Lösung 32. Der durch die Zelle bei Spannungen, die kleiner als die Zersetzungsspannung sind, fließende Strom ist ein Depolarisationsstrom, der dadurch zustande kommt, daß der an der Kathode entstehende Wasserstoff mit dem aus der Lösung an die Kathode herandiffundierenden Jod sich nach *Nernst* sehr rasch zu Jodwasserstoff verbindet. Für die Schnelligkeit der HJ-Bildung ist die Geschwindigkeit maßgebend, mit der das Jod durch die an der Kathode haftende Schicht von der Dicke δ diffundiert. Im stationären Zustande muß die in der Sekunde durch den Strom gebildete Wasserstoffmenge der durch Diffusion herangeführten Jodmenge äquivalent sein.

Die in der Sekunde gebildete Wasserstoffmenge in Gramm-Äquivalenten ist $\frac{i}{F}$, wenn i die Stromstärke in Amp. und $F = 96500$ Amp. Sek., die *Faraday*-Konstante, bedeuten.

Die Diffusion des Jods findet aus der gut gerührten Lösung mit der Jodkonzentration $c = 1$ mg/cm^3 durch die Schicht von der Dicke δ zur Kathode statt, an der die Jodkonzentration Null ist. Das treibende Konzentrationsgefälle ist also $\frac{c}{\delta}$. Ist f die Oberfläche der Kathode, so gilt für die pro Sekunde an die Kathode herandiffundierende Jodmenge m (in Gramm) nach dem *Fick*schen Gesetz

$$m = Df\frac{c}{\delta}.$$

Die entsprechende Jodmenge in Gramm-Äquivalenten ist dann $\frac{D}{M}f\frac{c}{\delta}$, wenn M das Molekulargewicht des Jods ist. Im stationären Zustande muß also sein

$$\frac{i}{F} = \frac{D}{M} f \frac{c}{\delta}$$

$$D = \frac{M}{F}\cdot\frac{i}{f}\cdot\frac{\delta}{c} = \frac{M}{F} j \frac{\delta}{c} = \frac{126{,}9\cdot 9\cdot 10^{-3}\cdot 5\cdot 10^{-}.}{9{,}65\cdot 10^{4}\cdot 10^{-3}}$$
$$= 5{,}92\cdot 10^{-6}\ \text{cm}^2/\text{Sek}^4$$

Da man in der Regel die Diffusionskoeffizienten in cm^2/Tag angibt, rechnen wir den letzteren Wert noch um und erhalten

$$D = 5{,}92\cdot 10^{-6}\cdot 3{,}6\cdot 10^{3}\cdot 24 = 0{,}51\ \text{cm}^2/\text{Tag}.$$

Lösung 33. Wenn die Zellen in den Lösungen keine Veränderungen zeigen, so ist die Zellflüssigkeit mit den Lösungen isosmotisch. Daher müssen auch sämtliche drei Lösungen denselben osmotischen Druck π aufweisen. Nach *van't Hoff* ist

$$\pi = \frac{n}{v}RT = \frac{g}{Mv}RT,$$

wenn g das Gewicht der im Volumen v bei der Temperatur T gelösten Substanz vom Molekulargewicht M ist. Gleichen osmotischen Druck zeigen Lösungen dann, wenn sie bei gleicher Temperatur im gleichen Volumen gleiche Molzahlen $n = \frac{g}{M}$ gelöst enthalten. Die Molekulargewichte von Glycerin [$C_3H_5(OH)_3$], Invertzucker [$C_6H_{12}O_6$] und Rohrzucker [$C_{12}H_{22}O_{11}$] sind 92,09, 180,16 und 342,3. Die im Liter enthaltenen Molzahlen sind daher

$$\frac{20,1}{92,09} = 0,218\,, \qquad \frac{38,6}{180,16} = 0,214\,, \qquad \frac{75,0}{342,3} = 0,219\,.$$

Innerhalb der Fehlergrenzen stimmen die Zahlen gut überein.

Lösung 34. Nach *van't Hoff* gilt für verdünnte Lösungen (vgl. Lösung 33) die Gleichung

$$\pi v = \frac{g}{M} RT\,.$$

Daraus folgt

$$\pi = \frac{RTg}{Mv} = \frac{RT}{M} c\,.$$

Das Molekulargewicht errechnet sich hiernach zu

$$M = RT \frac{c}{\pi}\,.$$

Aus den Zahlenwerten der Tabelle erhält man für $\frac{c}{\pi}$ die drei Werte $10,6 \cdot 10^3$, $11,1 \cdot 10^3$ und $10,5 \cdot 10^3$, also im Mittel $10,7 \cdot 10^3 \frac{g}{\text{Lit. Atm}}$.

Hieraus folgt für das Molekulargewicht

$$M = 0,082 \cdot 300 \cdot 10,7 \cdot 10^3 = 263 \cdot 10^3\,.$$

Da das Molekulargewicht von $C_6H_{10}O_5$ den Wert 162 hat, ergibt sich der mittlere Polymerisationsgrad zu

$$n = \frac{263 \cdot 10^3}{162} = 1625\,.$$

Lösung 35. Aus den beobachteten Gefrierpunktserniedrigungen Δt_l ergeben sich folgende Werte für die osmotischen Koeffizienten $f_{o\,exp} = \frac{\Delta t_l}{Eic}$, wenn $E = 1,86°$

die kryoskopische Konstante des Wassers, c die molare Konzentration des gelösten Salzes und i die Anzahl aus einer Molekel gebildeter Ionen bedeuten.

Lösung	Exper. osmotischer Koeffizient
0,0102 m KCl	$f_0 = \frac{0{,}0367}{1{,}86 \cdot 2 \cdot 0{,}0102} = 0{,}967$
0,0582 m KCl	$f_0 = \frac{0{,}203}{1{,}86 \cdot 2 \cdot 0{,}0582} = 0{,}938$
0,01 m $CaCl_2$	$f_0 = \frac{0{,}0513}{1{,}86 \cdot 3 \cdot 0{,}01} = 0{,}919$.

Die *Debye-Hückel*sche Theorie ergibt für den osmotischen Koeffizienten

(1) $$f_{0_{\text{theor}}} = 1 - \frac{1}{30} \cdot \frac{e^3}{\Sigma c_i} \sqrt{\frac{\pi N}{10} \left(\frac{\Sigma c_i z_i^2}{k T \varepsilon} \right)^3}.$$

Dabei bedeuten: e die Ladung eines Elektrons, N die *Loschmidt*sche Zahl, k die *Boltzmann*sche Konstante, T die absolute Temperatur, ε die Dielektrizitätskonstante des Lösungsmittels, c_i und z_i Konzentration und Wertigkeit der i-ten Ionensorte.

Für eineinwertige Elektrolyte und 0° C ist $f_{0_{\text{theor}}}$ gegeben als

(2) $$f_{0_{\text{theor}}} = 1 - 0{,}372 \sqrt{c},$$

da $\Sigma c_i = \Sigma c_i z_i^2 = 2c$ in Gleichung (1) ist. Für einen Elektrolyt vom Typus 2,1 ($CaCl_2$) ist $\Sigma c_i = 3c$ und $\Sigma c_i z_i^2 = 6c$. So wird für diesen Fall

(3) $$f_{0_{\text{theor}}} = 1 - 0{,}372 \cdot \frac{2}{3} \cdot 3^{3/2} \cdot \sqrt{c} = 1 - 1{,}29 \sqrt{c}.$$

Aus (2) und (3) berechnet man

Lösung	Theoret. osmotischer Koeffizient
0,0102 m KCl	$f_0 = 1 - 0{,}372 \sqrt{0{,}0102} = 0{,}962$
0,0582 m KCl	$f_0 = 1 - 0{,}372 \sqrt{0{,}0582} = 0{,}910$
0,01 m $CaCl_2$	$f_0 = 1 - 1{,}29 \sqrt{0{,}01} = 0{,}871$

entsprechend der Tatsache, daß mit zunehmender Konzentration und zunehmender Wertigkeit der Ionen die theoretischen Werte sich kleiner als die experimentellen ergeben müssen.

Lösung 36. Falls die Reaktion von erster Ordnung ist (einfachste Annahme), dann muß für die nach der Zeit t noch vorhandene Menge M der *cis*-Verbindung die Gleichung

$$M = M_0 e^{-kt}$$

gelten; der prozentuale Anteil p_{cis} ist

$$p_{cis} = \frac{M}{M_0} \cdot 100 = 100\, e^{-kt}.$$

Daraus folgt $lg\, p_{cis} = lg\, 100 - 0{,}43\, kt = 2 - 0{,}43\, kt$.

Trägt man $\lg p_{cis}$ gegen t auf Millimeterpapier oder p_{cis} gegen t auf einfach logarithmischem Papier auf, so muß, falls es sich um eine Reaktion erster Ordnung handelt, durch die Meßpunkte eine gerade Linie hindurchzulegen sein. Es ist $p_{cis} = 100 - p_{trans}$, daher

t Std.	0	0,5	1,0	2,0	3,0	4,0	5,0	6,0
p_{cis} %	100	92	85	71	60	50	43	36

Man überzeuge sich davon, daß bei den oben angegebenen graphischen Darstellungen sich gerade Linien ergeben.

Will man das Zeichnen vermeiden, dann prüfe man, ob

$$k = \frac{2 - lg\, p_{cis}}{0{,}43\, t}$$ eine Konstante ist.

t Std.	0,5	1,0	2,0	3,0	4,0	5,0	6,0
$lg\, p_{cis}$	1,964	1,929	1,851	1,778	1,699	1,634	1,556
k	0,168	0,165	0,173	0,172	0.175	0,170	0,172

Man erkennt an der praktischen Konstanz von k, daß es sich um eine Reaktion 1. Ordnung handelt.

Lösung 37. Ist a die molare Anfangskonzentration des Esters, b diejenige der Lauge, x die bis zur Zeit t pro Liter verseifte Estermolzahl, so gilt für die Verseifung, die eine Reaktion zweiter Ordnung ist,

$$-\frac{d(a-x)}{dt} = k(a-x)(b-x)$$

$$\frac{dx}{dt} = k(a-x)(b-x)\,.$$

Durch Integration nach der Methode der Partialbruchzerlegung erhält man hieraus unter Berücksichtigung, daß zur Zeit $t = 0$ auch $x = 0$ ist,

$$t = \frac{1}{k}\cdot\frac{1}{b-a}\cdot ln\frac{a(b-x)}{b(a-x)} = \frac{1}{k}\cdot\frac{2{,}3}{b-a}\cdot lg\frac{a(b-x)}{b(a-x)}$$

oder

$$(1) \qquad kt = \frac{2{,}3}{b-a}\cdot lg\frac{a(b-x)}{b(a-x)}\,.$$

Zu bestimmen ist in der vorliegenden Aufgabe der Wert a. Schreibt man Gleichung (1) für t_1 (10 Minuten) und $t_2 = 2\,t_1$ (20 Minuten) an, so erhält man

$$(2) \qquad kt_1 = \frac{2{,}3}{b-a}\,lg\frac{a(b-x_1)}{b(a-x_1)}$$

$$(3) \qquad kt_2 = 2\,kt_1 = \frac{2{,}3}{b-a}\,lg\frac{a(b-x_2)}{b(a-x_2)}\,.$$

Dividiert man Gleichung (3) durch Gleichung (2), so folgt

$$2 = \frac{lg\dfrac{a(b-x_2)}{b(a-x_2)}}{lg\dfrac{a(b-x_1)}{b(a-x_1)}}$$

$$2\,lg\frac{a(b-x_1)}{b(a-x_1)} = lg\frac{a(b-x_2)}{b(a-x_2)}$$

$$\frac{a^2(b-x_1)^2}{b^2(a-x_1)^2} = \frac{a(b-x_2)}{b(a-x_2)}$$

$$a\,(a-x_2)\cdot\frac{(b-x_1)^2}{b\,(b-x_2)}=(a-x_1)^2$$

$$a^2\cdot\frac{(b-x_1)^2}{b\,(b-x_2)}-a\,\frac{x_2\,(b-x_1)^2}{b\,(b-x_2)}=a^2-2ax_1+x_1^2$$

$$a^2\left[1-\frac{(b-x_1)^2}{b\,(b-x_2)}\right]-a\left[2x_1-\frac{x_2\,(b-x_1)^2}{b\,(b-x_2)}\right]+x_1^2=0.$$

$$(4)\quad a^2-a\,\frac{2x_1-\dfrac{x_2\,(b-x_1)^2}{b\,(b-x_2)}}{1-\dfrac{(b-x_1)^2}{b\,(b-x_2)}}+\frac{x_1^2}{1-\dfrac{(b-x_1)^2}{b\,(b-x_2)}}=0.$$

Nach $t_1 = 10$ Minuten sind von den in einem Liter ursprünglich enthaltenen

$\frac{2}{1000}\cdot 20 = 40\cdot 10^{-3}$ Molen $= 40$ mMolen NaOH noch

$\frac{15{,}30}{1000}\cdot\frac{1}{100}\cdot\frac{1000}{5} = 30{,}60\cdot 10^{-3}$ Mole $= 30{,}60$ mMole

und nach $t_2 = 20$ Minuten

$\frac{14{,}60}{1000}\cdot\frac{1}{100}\cdot\frac{1000}{5} = 29{,}20\cdot 10^{-3}$ Mole $= 29{,}20$ mMole

vorhanden. Verseift sind demnach

$x_1 = 40 - 30{,}6 = 9{,}4$ mMol bzw. $x_2 = 40 - 29{,}2 = 10{,}8$ mMol. Mit diesen Werten erhält man aus Gleichung (4).

$$a^2 - 51{,}14\,a + 445{,}55 = 0$$
$$a = 25{,}57 \pm \sqrt{208{,}28}$$
$$a = 25{,}57 \pm 14{,}43$$
$$a_1 = 40{,}00 \qquad a_2 = 11{,}14\,.$$

Von diesen beiden Werten hat nur $a_2 = 11{,}14$ mMol/l einen Sinn. Das läßt sich wie folgt zeigen. Man berechnet aus den erhaltenen a-Werten die zugehörigen Konstanten k mit Hilfe der Gleichung (1). Für $a_2 = 11{,}14\cdot 10^{-3}$ Mol/l erhält man z. B. mit $t_1 = 10$ Minuten und $x_1 = 9{,}4$ mMol/l

$$k = \frac{1}{10} \cdot \frac{2{,}3}{(40 - 11{,}14) \cdot 10^{-3}} \cdot lg \frac{11{,}14\,(40 - 9{,}4)}{40\,(11{,}14 - 9{,}4)}$$

$$k = 5{,}50 \text{ Lit. Mol}^{-1} \text{ Min}^{-1}.$$

Den gleichen Wert erhält man, wenn man in Gleichung (1) $t_2 = 20$ Min. und $x_2 = 10{,}8$ mMol/l einsetzt.

Setzt man in Gleichung (1) nicht a_2, sondern $a_1 = 40 \cdot 10^{-3}$ Mol/l ein, so erhält man, weil b ebenfalls den Wert $40 \cdot 10^{-3}$ Mol/l hat, für k einen unbestimmten Ausdruck von der Form $\frac{0}{0}$. Den wahren Wert dieses unbestimmten Ausdruckes erhält man in üblicher Weise mit Hilfe der Differentialrechnung. Es ist

$$\lim_{b \to a} k = \lim_{b \to a} \left[\frac{1}{t} \cdot \frac{ln \frac{a\,(b - x)}{b\,(a - x)}}{b - a} \right]$$

$$= \frac{1}{t} \cdot \lim_{b \to a} \left[\frac{ln\, a + ln\,(b - x) - ln\, b - ln\,(a - x)}{b - a} \right]$$

$$= \frac{1}{t} \cdot \lim_{b \to a} \frac{\frac{d}{db} \left[ln\, a + ln\,(b - x) - ln\, b - ln\,(a - x) \right]}{\frac{d}{db} \left(b - a \right)}$$

$$= \frac{1}{t} \cdot \lim_{b \to a} \left[\frac{\frac{1}{b - x} - \frac{1}{b}}{1} \right]$$

$$k = \frac{1}{t} \cdot \frac{x}{a\,(a - x)}$$

Setzt man in diesen Ausdruck die für die Zeiten t_1 und t_2 beobachteten Werte x_1 und x_2 ein, so erhält man zwei verschiedene Werte für k.

$$k_1 = \frac{1}{10} \cdot \frac{9{,}4}{40\,(40 - 9{,}4) \cdot 10^{-3}} = 0{,}768$$

beziehungsweise

$$k_2 = \frac{1}{20} \cdot \frac{10{,}8}{40\,(40 - 10{,}8) \cdot 10^{-3}} = 0{,}462\,.$$

Da k aber unveränderlich sein soll, kann der Wert

$$a_1 = 40{,}00 \cdot 10^{-3} \text{ Mol/Lit keinen Sinn haben.}$$

Mithin ist die Anfangsmenge des Esters

$$11{,}14 \cdot 10^{-3} \cdot 88{,}104 = 0{,}9815 \text{ Gramm.}$$

Lösung 38. Bezeichnet man die Ausbeute an NO in Volumenprozenten mit x, so gilt für das Gleichgewicht

$$(1) \qquad K_0 = \frac{x^2}{\left(79 - \frac{x}{2}\right)\left(21 - \frac{x}{2}\right)},$$

weil die Luft aus 79% N_2 und 21% O_2 besteht und zur Bildung eines Raumteiles NO je ein halber Raumteil N_2 und O_2 gebraucht wird. Aus Gleichung (1) erhält man x wie folgt:

$$K_0\left(79 - \frac{x}{2}\right)\left(21 - \frac{x}{2}\right) = x^2$$

$$1{,}66 \cdot 10^3 K_0 - 50 K_0 x + 0{,}25 K_0 x^2 = x^2$$

$$x^2 (1 - 0{,}25 K_0) + 50 K_0 x - 1{,}66 \cdot 10^3 K_0 = 0.$$

Wie man leicht abschätzen kann, ist K_0 im Gebiete zwischen 2000° K und 3000° K von der Größenordnung 10^{-3}, und daher kann $0{,}25\,K_0$ gegen 1 in der Klammer vernachlässigt werden. Es ist dann

$$x^2 + 50 K_0 x - 1{,}66 \cdot 10^3 K_0 = 0$$

$$x = -25 K_0 \pm \sqrt{625 K_0^2 + 1{,}66 \cdot 10^3 K_0}\,.$$

K_0^2 ist klein gegen K_0, es läßt sich daher das erste Glied unter der Wurzel gegen das zweite vernachlässigen, und so erhält man in guter Näherung und unter Berücksichtigung, daß nur das positive Vorzeichen einen Sinn hat,

$$x = -25 K_0 + \sqrt{1{,}66 \cdot 10^3 K_0} = -25 K_0 + 40{,}7 \sqrt{K_0}\,.$$

Für das Verhältnis der Ausbeuten bei zwei verschiedenen Temperaturen erhält man schließlich

$$\frac{x_1}{x_2} = \frac{-25K_{c1} + 40{,}7\sqrt{K_{c1}}}{-25K_{c2} + 40{,}7\sqrt{K_{c2}}} = \frac{1{,}628\sqrt{K_{c1}} - K_{c1}}{1{,}628\sqrt{K_{c2}} - K_{c2}}$$

$$= \frac{\sqrt{K_{c1}}\,(1{,}628 - \sqrt{K_{c1}})}{\sqrt{K_{c2}}\,(1{,}628 - \sqrt{K_{c2}})} .$$

$\sqrt{K_{c1}}$ und $\sqrt{K_{c2}}$ ergeben sich aus der im Aufgabentext gegebenen Gleichung zu $\sqrt{K_{c1}} = 0{,}0931$ und $\sqrt{K_{c2}} = 0{,}0152$

So erhält man für das Ausbeuteverhältnis:

$$\frac{x_1}{x_2} = \frac{0{,}0931\,(1{,}628 - 0{,}093)}{0{,}0152\,(1{,}628 - 0{,}015)} = 5{,}83 .$$

Lösung 39 Die Anzahl der in den Behälter gebrachten Mole Ammoniak ist bei $T_0 = 273 + 20 = 293°\,K$

$$(1) \qquad n = \frac{p_0 v}{R T_0} .$$

Im Gleichgewicht ist der Bruchteil α zu N_2 und H_2 zerfallen. Aus je 1 Mol NH_3 entstehen $^1/_2$ Mol N_2 und $^3/_2$ Mole H_2. Für die Partialdrucke gelten daher die Gleichungen:

$$p_{NH_3} = \frac{n}{v}\,(1 - \alpha) \cdot RT$$

$$p_{N_2} = \frac{n}{v} \cdot \frac{\alpha}{2} \cdot RT$$

$$p_{H_2} = \frac{n}{v} \cdot \frac{3\alpha}{2} \cdot RT .$$

Damit ergibt sich

$$K_p = \frac{n \cdot (1-\alpha) \cdot RT \cdot v^{1/2} \cdot 2^{1/2} \cdot v^{3/2} \cdot 2^{3/2}}{v \cdot n^{1/2} \cdot \alpha^{1/2} \cdot (RT)^{1/2} \cdot n^{3/2} \cdot 3^{3/2} \cdot \alpha^{3/2} \cdot (RT)^{3/2}}$$

$$K_p = \frac{4\,v\,(1 - \alpha)}{5{,}196\,n\,RT\,\alpha^2} = 0{,}77\,\frac{v\,(1 - \alpha)}{n\,RT\,\alpha^2} .$$

Nach Gleichung (1) ist

$$\frac{v}{nR} = \frac{T_0}{p_0}$$

und daher $$K_p = \frac{0{,}77}{p_0} \cdot \frac{T_0}{T} \cdot \frac{1-\alpha}{\alpha^2} = 0{,}77 \cdot \frac{293}{500} \cdot \frac{1-\alpha}{\alpha^2}$$

$$K_p = 0{,}451 \cdot \frac{1-\alpha}{\alpha^2}.$$

Der Dissoziationsgrad errechnet sich hieraus wie folgt:

$$\frac{K_p}{0{,}451} \cdot \alpha^2 + \alpha - 1 = 0$$

$$\alpha^2 + \frac{0{,}451}{K_p}\alpha - \frac{0{,}451}{K_p} = 0$$

$$\alpha = -\frac{0{,}451}{2\,K_p} \pm \sqrt{\left(\frac{0{,}451}{2\,K_p}\right)^2 + \frac{0{,}451}{K_p}}.$$

Aus der im Aufgabentext gegebenen Gleichung findet man für $T = 500°\,K$ (227° C) den Wert $K_p = 0{,}332$.

Somit wird $\alpha = -0{,}68 \pm \sqrt{0{,}46 + 1{,}36}$.

Da nur das positive Zeichen einen Sinn hat, erhält man $$\alpha = 0{,}67.$$

Im Gleichgewicht sind im Behälter vorhanden:

$n \cdot (1-\alpha)$ Mole NH_3 — $n \cdot (1-\alpha) \cdot M_{NH_3}$.

$n \cdot \frac{\alpha}{2}$ Mole N_2 mit dem Gewicht $n \cdot \frac{\alpha}{2} \cdot M_{N_2}$

$n \cdot \frac{3\alpha}{2}$ Mole H_2 — $n \cdot \frac{3\alpha}{2} \cdot M_{H_2}$,

wenn M das Molekulargewicht bedeutet.

Der Anteil x des Stickstoffs ist in Molprozenten

$$x = \frac{100 \cdot n \cdot \frac{\alpha}{2}}{n\left(\frac{\alpha}{2} + 1 - \alpha + \frac{3\alpha}{2}\right)} = \frac{50\,\alpha}{1+\alpha}\,\%,$$

der Anteil in Gewichtsprozenten hingegen

$$y = \frac{100 \cdot n \cdot \frac{\alpha}{2} M_{N_2}}{n\,M_{NH_3}} = \frac{50\,\alpha\,M_{N_2}}{M_{NH_3}}\,\%.$$

Mit dem Werte $\alpha = 0{,}67$ ergibt sich

$$x = \frac{50 \cdot 0{,}67}{1{,}67} = 20{,}1\%$$

$$y = \frac{50 \cdot 0{,}67 \cdot 28{,}02}{17{,}03} = 55{,}1\% .$$

Lösung 40. Es gilt wieder, wie in Aufg. 39:

$$K_p = 0.77 \cdot \frac{v_T}{n\,RT} \cdot \frac{1-\alpha}{\alpha^2} .$$

Dabei bedeutet v_T das Volumen des Gasgemisches bei $T = 500°$ K. Die Gesamtmolzahl ist wieder

$$n\left(1 - \alpha + \frac{\alpha}{2} + \frac{3\,\alpha}{2}\right) = n\,(1 + \alpha).$$

Daher gilt, wenn der Gesamtdruck p (1 Atm) ist:

$$p\,v_T = n\,(1+\alpha)\,RT$$

$$\frac{v_T}{n\,RT} = \frac{1+\alpha}{p} .$$

Daraus folgt

$$K_p = 0{,}77 \cdot \frac{1+\alpha}{p} \cdot \frac{1-\alpha}{\alpha^2} = \frac{0{,}77}{p} \cdot \frac{1-\alpha^2}{\alpha^2} .$$

Weil p den Wert 1 Atm hat, ist

$$K_p = 0{,}77\left(\frac{1}{\alpha^2} - 1\right)$$

$$\frac{K_p}{0{,}77} + 1 = \frac{1}{\alpha^2}$$

$$\alpha = \frac{1}{\sqrt{\dfrac{K_p}{0{,}77} + 1}} .$$

Nach Einsetzen des Wertes für K_p erhält man

$$\alpha = \frac{1}{\sqrt{\dfrac{0{,}332}{0{,}77} + 1}} = 0{,}836 .$$

Für x und y folgt so

$$x = \frac{50 \cdot 0{,}836}{1{,}836} = 22{,}8\%$$

$$y = \frac{50 \cdot 0{,}836 \cdot 28{,}2}{17{,}03} = 68{,}8\% \, .$$

Lösung 41. Geht man von einem Gemisch aus, das a Mole SO_2 und $100 - a$ Mole Cl_2 enthält, aus denen sich x Mole SO_2Cl_2 bilden, so ist

$$(1) \qquad K_p = \frac{(a - x)RT \cdot (100 - a - x)\,RT \cdot v}{v \cdot v \cdot x\,RT}$$

$$= \frac{(a - x)\,(100 - a - x)}{x} \cdot \frac{RT}{v} \, .$$

Die Gesamtzahl der Mole im Gleichgewicht ist

$$a - x + 100 - a - x + x = 100 - x,$$

und daher wird

$$pv = (100 - x)\,RT$$

$$(2) \qquad \frac{RT}{v} = \frac{p}{100 - x} \, .$$

Durch Einsetzen von (2) in (1) folgt somit

$$K_p = p \cdot \frac{(a - x)\,(100 - a - x)}{x\,(100 - x)}$$

oder, da $p = 1$ Atm ist,

$$K_p = \frac{(a - x)\,(100 - a - x)}{x\,(100 - x)} \, .$$

Die Ausbeute x ergibt sich hieraus zu

$$100\,K_p\,x - K_p\,x^2 = 100\,a - 100\,x - a^2 + x^2$$

$$x^2\,(1 + K_p) - 100\,(1 + K_p)\,x + 100\,a - a^2 = 0$$

$$x^2 - 100\,x + \frac{100a - a^2}{1 + K_p} = 0$$

$$x = 50 \pm \sqrt{2500 - \frac{100a - a^2}{1 + K_p}}$$

Soll die Ausbeute ein Maximum werden, so muß

$$\frac{dx}{da} = 0 \text{ sein.}$$

$$\frac{dx}{da} = \pm \frac{\dfrac{2a - 100}{1 + K_p}}{2\sqrt{2500 - \dfrac{100a - a^2}{1 + K_p}}} = 0$$

$$a = 50 .$$

Die maximale Ausbeute an SO_2Cl_2 liegt dann vor, wenn man von einem Gemisch, das gleiche molare Mengen SO_2 und Cl_2 enthält, ausgeht. Die Ausbeute beträgt dann:

$$x_{max} = 50 \pm \sqrt{2500 - \frac{2500}{1 + K_p}} = 50 \pm 50\sqrt{1 - \frac{1}{1 + K_p}}$$

$$x_{max} = 50 \pm 50\sqrt{\frac{K_p}{1 + K_p}}$$

$$x_{max} = 50 \pm 50\sqrt{\frac{2,37}{3,37}} = 50\,(1 \pm 0,839)$$

$$x_{max_1} = 91,95 \qquad x_{max_2} = 8,05 .$$

Von den beiden Lösungen hat nur $x_{max_2} = 8,05$ einen Sinn, denn mit $x_{max_1} = 91,95$ würden die im Gleichgewicht vorhandenen Molzahlen für SO_2 und Cl_2 negativ sein, was natürlich unmöglich ist.

Lösung 42. Die gesuchte Gleichgewichtskonstante ist gegeben als

$$K_c = \frac{[SO_3]^2}{[SO_2]^2\,[O_2]} = \frac{c^2}{c_1^2 \cdot c_2},$$

wenn c_1, c_2 und c die Gleichgewichtskonzentrationen von SO_2 O_2 und SO_3, deren Gleichgewichtsmolzahlen n_1, n_2 und n sein mögen, bedeuten. Ist v das Gesamtvolumen der im Gleichgewicht bei 832° C sich befindenden Gase, so gilt

$$c_1 = \frac{n_1}{v}, \qquad c_2 = \frac{n_2}{v}, \qquad c = \frac{n}{v},$$

wobei das Gesamtvolumen sich aus der Gleichung

$$pv = (n_1 + n_2 + n)\, RT$$

zu $\quad v = (n_1 + n_2 + n)\dfrac{RT}{p}\quad$ ergibt.

Es ist daher

$$K_0 = \frac{n^2 v}{n_1^2 n_2} = \frac{n^2 (n_1 + n_2 + n)}{n_1^2 n_2} \cdot \frac{RT}{p} \; .$$

In den Ofen treten insgesamt N_1 Mole SO_2 und N_2 Mole O_2 ein, wobei die Gleichung gilt:

$$\frac{N_1}{N_2} = \frac{20}{80} = \frac{1}{4}$$

$$N_2 = 4\,N_1 \,.$$

Zur Bildung von n Molen SO_3 werden n Mole SO_2 und $\frac{n}{2}$ Mole O_2 verbraucht. Daher befinden sich im Gleichgewicht mit n Molen SO_3:

$$n_1 = N_1 - n \text{ Mole } SO_2 \text{ und}$$

$$n_2 = N_2 - \frac{n}{2} = 4\,N_1 - \frac{n}{2} \text{ Mole } O_2 \,.$$

Für die Gleichgewichtskonstante ergibt sich also

$$K_0 = \frac{n^2\left(N_1 - n + 4\,N_1 - \frac{n}{2} + n\right)}{\left(N_1 - n\right)^2\left(4\,N_1 - \frac{n}{2}\right)} \cdot \frac{RT}{p}$$

$$K_0 = \frac{n^2\left(5\,N_1 - \frac{n}{2}\right)}{\left(N_1 - n\right)^2\left(4\,N_1 - \frac{n}{2}\right)} \cdot \frac{RT}{p} \,.$$

Die Anzahl n der gebildeten Mole SO_3 ist gleich der Anzahl der Mole des gefällten $BaSO_4$ (Molekulargewicht 233,42)

$$n = \frac{2{,}217}{233{,}42} = 0{,}009498 \,.$$

N_1 errechnet sich aus der Gleichung

$$pv_0 = (N_1 + N_2)\, R T_0\,,$$

wenn v_0 das bei der Zimmertemperatur $T_0 = 293°$ K und dem Druck $p = 1$ Atm. eingetretene Gasvolumen bedeutet. Es ist daher: $pv_0 = 5\, N_1\, R T_0$

$$N_1 = \frac{pv_0}{5\, R T_0} = \frac{1 \cdot 1{,}06 \cdot 3}{5 \cdot 0{,}082 \cdot 293} = 0{,}0265\,.$$

So erhält man schließlich für K_c

$$K_c = \frac{0{,}0095^2\,(5 \cdot 0{,}0265 - 0{,}00475)}{(0{,}0265 - 0{,}0095)^2\,(4 \cdot 0{,}0265 - 0{,}00475)} \cdot \frac{0{,}082 \cdot 1105}{1}$$

$K_c = 35{,}7$ Lit/Mol.

Lösung 43. Es gilt wieder, wie in Aufg. 42:

$$K_c = \frac{[SO_3]^2}{[SO_2]^2\,[O_2]} = 35{,}7 \text{ Lit/Mol}$$

$$K_c = \frac{n^2 \cdot v}{n_1^2 \cdot n_2} = \frac{n^2\,(n + n_1 + n_2)}{n_1^2\, n_2} \cdot \frac{RT}{p^*}\,,$$

wenn unter p^* der Partialdruck, unter dem das Gemisch der reagierenden Gase (SO_3, SO_2 und O_2) steht, zu verstehen ist.

In den Ofen treten N Mole SO_2 und $N \cdot \frac{760 - 132}{132}$ $= N \cdot \frac{628}{132}$ Mole Luft oder $N_2 = N \cdot \frac{628}{132} \cdot \frac{21}{100} = N$ Mole O_2 ein. (Zusammensetzung der Luft: 21% Sauerstoff + 79% Stickstoff.) Zur Ermittelung von N wird die Gleichung

$$pv = \left(N + N \cdot \frac{628}{132}\right) R \left(t_0 + 273\right)$$

aufgelöst. Es ist

$$pv = N \cdot \frac{760}{132} \cdot R\,(t_0 + 273)$$

$$N = pv \cdot \frac{132}{760} \cdot \frac{1}{R(t_0 + 273)} = \frac{1 \cdot 1{,}89 \cdot 132}{760 \cdot 0{,}082 \cdot 323} = 0{,}0124\,.$$

Von den insgesamt in den Ofen eintretenden N Molen SO_3 zerfallen $N - n$, wenn n die Anzahl der im Gleichgewicht vorzufindenden Mole SO_3 ist, und bilden $N - n$ Mole SO_2 und $\frac{N-n}{2}$ Mole O_2. Zu den letzteren kommen noch N Mole O_2 aus der beigemischten Luft hinzu. Es gilt demnach:

$$K_c = \frac{n^2\left(n + N - n + \frac{N-n}{2} + N\right)}{\left(N-n\right)^2\left(N + \frac{N-n}{2}\right)} \cdot \frac{RT}{p^*}$$

$$K_c = \frac{n^2\left(\frac{5}{2}N - \frac{n}{2}\right)}{\left(N-n\right)^2\left(\frac{3}{2}N - \frac{n}{2}\right)} \cdot \frac{RT}{p^*}$$

$$K_c = \frac{n^2\,(5N - n)}{(N-n)^2\,(3N-n)} \cdot \frac{RT}{p^*}\,.$$

Der Partialdruck p^*, unter dem die chemisch reagierenden Gase stehen, ist kleiner als der Gesamtdruck $p = 1$ Atm., denn das Gasgemisch enthält noch $N \cdot \frac{628}{132} \cdot \frac{79}{100}$ Mole Stickstoff.

Es ist daher

$$p^* = \frac{\frac{5}{2}N - \frac{n}{2}}{\frac{5}{2}N - \frac{n}{2} + N \cdot \frac{628}{132} \cdot \frac{79}{100}}$$

$$p^* = \frac{5N - n}{12{,}52\,N - n}\,.$$

Hieraus folgt

$$K_c = \frac{n^2 (5N - n)}{(N - n)^2 (3N - n)} \cdot RT \cdot \frac{12{,}52 N - n}{5N - n}$$

$$K_c = \frac{n^2 \cdot RT \cdot (12{,}52 N - n)}{(N - n)^2 (3N - n)}$$

Nach Einsetzen der Zahlenwerte erhält man

$$35{,}7 = \frac{n^2 \cdot 0{,}082 \cdot 1105 \cdot (12{,}52 \cdot 0{,}0124 - n)}{(0{,}0124 - n)^2 (3 \cdot 0{,}0124 - n)}$$

Hieraus ergibt sich nachstehende Gleichung 3. Grades für n: $n^3 - 0{,}216\, n^2 - 7{,}00 \cdot 10^{-4}\, n + 3{,}72 \cdot 10^{-6} = 0$. Die Lösung dieser Gleichung geschieht am einfachsten dadurch, daß man einige Werte n einsetzt und feststellt, für welches n der Ausdruck verschwindet. Es ist, weil N den Wert 0,0124 hat, zu erwarten, daß n zwischen 10^{-2} und 10^{-3} liegt. Man erhält für den obigen Ausdruck, der mit $f(n)$ bezeichnet sei, für verschiedene n die in der Tabelle angegebenen Werte:

n	0,001	0,003	0,0028	0,00284	0,00283
$f(n)$	$+2{,}80 \cdot 10^{-6}$	$-0{,}32 \cdot 10^{-6}$	$+0{,}07 \cdot 10^{-6}$	$-1 \cdot 10^{-8}$	$+1 \cdot 10^{-8}$

Man erkennt an den Tabellenwerten, daß die gesuchte Wurzel der Gleichung hinreichend genau den Wert 0,00284 hat. Es werden also 0,00284 Mole SO_3 aus dem Ofen austreten und $0{,}00284 \cdot 233{,}42 = 0{,}662$ g $BaSO_4$ ergeben.

Lösung 44. Die Wärmetönung bei konstantem Volumen W_v hängt mit K_c durch die Gleichung

$$\frac{d\, lnK_c}{dT} = -\frac{W_v}{RT^2}$$

zusammen. Es ist also

$$W_v = -RT^2 \cdot \frac{d\, lnK_c}{dT} = -2{,}303\, RT^2 \cdot \frac{d\, lgK_c}{dT}.$$

W_p ergibt sich aus W_v als

$$W_p = W_v + RT\,(\Sigma n - \Sigma n'),$$

wenn $\Sigma n - \Sigma n'$ die bei der Reaktion $2\,SO_2 + O_2 \rightarrow 2\,SO_3$ auftretende Änderung der Molzahl $(2 + 1 - 2 = 1)$ bedeutet.

Danach ist

$$W_p = -\,2{,}303\,RT^2 \cdot \frac{d\,lg\,K_c}{dT} + RT$$

$$W_p = -2{,}303\,RT^2 \cdot \frac{d}{dT}\left(\frac{10373}{T} + 2{,}222\,lg\,T - 14{,}585\right) + RT$$

$$W_p = 2{,}303\,RT^2\left(\frac{10373}{T^2} - \frac{2{,}222}{2{,}303\,T}\right) + RT$$

$$W_p = 2{,}303 \cdot 10373\,R - 2{,}222\,RT + RT$$

$$W_p = R\,(23889 - 1{,}222\,T)$$

$$W_p = 1{,}986\,(23889 - 1222) = 45{,}02 \cdot 10^3\,cal = 45{,}02\,kcal.$$

Lösung 45. Bei der Dissoziation von 1 Mol N_2O_4 dissoziieren α Mole N_2O_4 zu $2\,\alpha$ Molen NO_2; unzerfallen bleiben $1 - \alpha$ Mole. Nach der Zustandsgleichung für ideale Gase gilt für die Partialdrucke von N_2O_4 und NO_2

$$p_{N_2O_4} \cdot v = (1 - \alpha)\,RT \qquad p_{N_2O_4} = \frac{1 - \alpha}{v}\,RT$$

$$p_{NO_2} \cdot v = 2\,\alpha\,RT \qquad p_{NO_2} = \frac{2\,\alpha}{v}\,RT\ .$$

Für das unter Atmosphärendruck p stehende Gasgemisch gilt entsprechend

$$pv = (1 - \alpha + 2\,\alpha)\,RT = (1 + \alpha)\,RT.$$

Es folgt so für die Gleichgewichtskonstante K_p

$$K_p = \frac{4\,\alpha^2\,R^2\,T^2\,v}{v^2\,(1 - \alpha)\,RT} = \frac{4\,\alpha^2}{1 - \alpha} \cdot \frac{RT}{v}$$

$$K_p = \frac{4\,\alpha^2}{1 - \alpha} \cdot \frac{p}{1 + \alpha} = p \cdot \frac{4\,\alpha^2}{1 - \alpha^2}.$$

Für $p = 1$ Atm. ergibt sich für α

$$K_p\,(1 - \alpha^2) = 4\,\alpha^2$$

$$K_p - K_p\,\alpha^2 = 4\,\alpha^2$$

$$\alpha = \sqrt{\frac{K_p}{4 + K_p}} \, .$$

Zur Ermittelung von K_p für die Temperatur $t = 27°$ C ($T = 300°$ K) benutzt man die Gleichung

$$\frac{d\,ln\,K_p}{dT} = -\frac{W_p}{RT^2} \, .$$

Durch Integration zwischen den Grenzen $T = 300°$ und $T = 400°$ erhält man;

$$ln\,K_{p_{400}} - ln\,K_{p_{300}} = -\int_{300}^{400} \frac{W_p}{RT^2}\,dT =$$

$$= \int_{300}^{400} \left(\frac{6191{,}6}{T^2} + \frac{1{,}75}{T} + 11{,}109 \cdot 10^{-3} - 32{,}862 \cdot 10^{-6}\,\mathrm{T} \right) dT$$

$$ln\,K_{p_{400}} - ln\,K_{p_{300}} = \left(-\frac{6191{,}6}{T} + 1{,}75\,ln\,T + 11{,}109 \cdot 10^{-3}\,T - 16{,}431 \cdot 10^{-6}\,T^2 \right) \Big|_{300}^{400}$$

$$lg\,K_{p_{300}} = lg\,47{,}29 + 0{,}43429 \cdot 6191{,}6 \left(\frac{1}{400} - \frac{1}{300} \right) - 1{,}75\,lg\,\frac{400}{300} - 0{,}43429 \cdot 11{,}109 \cdot 10^{-3}\,(400 - 300) + 0{,}43429 \cdot 16{,}431 \cdot 10^{-6}\,(400^2 - 300^2)$$

$$lg\,K_{p_{300}} = -0{,}768 \qquad K_{p_{300}} = 0{,}171 \, .$$

Mit diesem Wert von $K_{p_{300}}$ folgt für den Dissoziationsgrad

$$\alpha_{300} = 0{,}202 = 20{,}2\% \, .$$

Lösung 46. Nach *Kirchhoff* gilt für die betrachtete Reaktion

$$(1) \quad \frac{dW_p}{dT} = C_{p_{SO_2Cl_2}} - C_{p_{Cl_2}} - C_{p_{SO_2}} = M_{SO_2Cl_2} \cdot c_{p_{SO_2Cl_2}} - M_{Cl_2} \cdot c_{p_{Cl_2}} - M_{SO_2} \cdot c_{p_{SO_2}} \, ,$$

wenn W_p die Wärmetönung der Reaktion, M das Molekulargewicht und C_p die Molwärme bedeuten.

Anderseits gilt $\frac{d\,ln\,K_p}{dT} = -\frac{W_p}{RT^2}$

und damit $W_p = -RT^2 \cdot \frac{d\,ln\,K_p}{dT}$.

Durch Differentiation erhält man hieraus

$$(2)\quad \frac{dW_p}{dT} = -2\,RT \cdot \frac{d\,ln\,K_p}{dT} - RT^2 \cdot \frac{d^2\,ln\,K_p}{dT^2}$$

$$= -2\,RT \cdot 2{,}303 \cdot \frac{d\,lg\,K_p}{dT} - RT^2 \cdot 2{,}303 \cdot \frac{d^2\,lg\,K_p}{dT^2}.$$

Durch Kombination von (1) und (2) ergibt sich

$$M_{SO_2Cl_2} \cdot c_{p_{SO_2Cl_2}} - M_{Cl_2} \cdot c_{p_{Cl_2}} - M_{SO_2} \cdot c_{p_{SO_2}}$$

$$= -4{,}606\,RT \frac{d\,lg\,K_p}{dT} - 2{,}303\,RT^2 \frac{d^2\,lg\,K_p}{dT^2}$$

$$c_{p_{SO_2Cl_2}} = \frac{M_{Cl_2} \cdot c_{p_{Cl_2}} + M_{SO_2} \cdot c_{p_{SO_2}} - 4{,}606\,RT \frac{d\,lg\,K_p}{dT} - 2{,}303\,RT^2 \frac{d^2\,lg\,K_p}{dT^2}}{M_{SO_2Cl_2}}$$

Für $\frac{d\,lg\,K_p}{dT}$ und $\frac{d^2\,lg\,K_p}{dT^2}$ erhält man durch Differentiation der gegebenen Funktion

$$lg\,K_p = -\frac{2250}{T} + 1{,}75\,lg\,T - 4{,}55 \cdot 10^{-4}\,T + 2{,}2$$

$$\frac{d\,lg\,K_p}{dT} = \frac{2250}{T^2} + \frac{1{,}75}{2{,}303} \cdot \frac{1}{T} - 4{,}55 \cdot 10^{-4}$$

$$\frac{d^2\,lg\,K_p}{dT^2} = -\frac{4500}{T^3} - \frac{1{,}75}{2{,}303} \cdot \frac{1}{T^2}.$$

Somit folgt $c_{p_{SO_2Cl_2}} =$

$$\frac{M_{Cl_2} \cdot c_{p_{Cl_2}} + M_{SO_2} \cdot c_{p_{SO_2}} - \frac{4{,}606 \cdot 2250\,R}{T} - 3{,}50\,R}{M_{SO_2Cl_2}} +$$

$$+\frac{4{,}606\cdot 4{,}55\cdot 10^{-4}\,RT+\dfrac{2{,}303\cdot 4500\,R}{T}+1{,}75\,R}{M_{SO_2Cl_2}}$$

$$c_{p_{SO_2Cl_2}}=$$

$$\frac{M_{Cl_2}\cdot c_{p_{Cl_2}}+M_{SO_2}\cdot c_{p_{SO_2}}-1{,}75\,R+4{,}606\cdot 4{,}55\cdot 10^{-4}\,RT}{M_{SO_2Cl_2}}$$

Nach Einsetzen der Zahlenwerte erhält man

$$c_{p_{SO_2Cl_2}}=\frac{70{,}91\cdot 0{,}120+64{,}06\cdot 0{,}168-1{,}75\cdot 1{,}986}{135{,}0}$$

$$+\frac{4{,}606\cdot 4{,}55\cdot 10^{-4}\cdot 1{,}986\cdot 450}{135{,}0}$$

$$c_{p_{SO_2Cl_2}}=0{,}131\,\frac{\text{cal}}{\text{g}\cdot{}^\circ\text{C}}\,.$$

Lösung 47. Die beiden parallel verlaufenden Reaktionen

$$FeO+CO\rightleftarrows Fe+CO_2$$

und

$$2\,FeO\rightleftarrows 2\,Fe+O_2$$

werden bezüglich ihres Gleichgewichtes durch die Gleichungen

(1) $$\frac{p_{CO_2}}{p_{CO}}=K_p \quad\text{und}\quad p_{O_2}=K_p \quad\text{festgelegt.}$$

Da sie gleichzeitig ablaufen, müssen auch CO, O_2 und CO_2 miteinander im Gleichgewicht stehen. Hierbei gilt:

$$2\,CO_2\rightleftarrows 2\,CO+O_2$$

(2) $$\frac{p_{O_2}\cdot p^2_{CO}}{p^2_{CO_2}}=K_{p_{IV}}$$

und demnach ist

(3) $$\lg p_{O_2}+\lg p^2_{CO}-\lg p^2_{CO_2}=\lg K_{p_{IV}}\,.$$

Für das Wassergasgleichgewicht $H_2O+CO\rightleftarrows CO_2+H_2$ gilt

$$\frac{p_{CO_2} \cdot p_{H_2}}{p_{H_2O} \cdot p_{CO}} = K_{p_{II}}$$

(4) $lg\, p_{CO_2} + lg\, p_{H_2} - lg\, p_{H_2O} - lg\, p_{CO} = lg\, K_{p_{II}}$

und entsprechend für die Wasserdampfdissoziation $2\, H_2O \rightleftarrows 2\, H_2 + O_2$

$$\frac{p_{H_2}^2 \cdot p_{O_2}}{p_{H_2O}^2} = K_{p_{III}}$$

(5) $lg\, p_{H_2}^2 + lg\, p_{O_2} - lg\, p_{H_2O}^2$

$$= 2\, lg\, p_{H_2} + lg\, p_{O_2} - 2\, lg\, p_{H_2O} = lg\, K_{p_{III}}$$

Subtrahiert man die verdoppelte Gleichung (4) von (5), so folgt

(6) $lg\, p_{O_2} - lg\, p_{CO_2}^2 + lg\, p_{CO}^2 = lg\, K_{p_{III}} - 2\, lg\, K_{p_{II}}$.

Durch Vergleich von (6) mit (3) ergibt sich

(7) $lg\, K_{p_{IV}} = lg\, K_{p_{III}} - 2\, lg\, K_{p_{II}}$.

Durch Kombination der Gleichungen (2) und (1) erhält man

$$p_{O_2} = K_{p_{IV}} \cdot K_{p_I}^2$$
$$lg\, p_{O_2} = lg\, K_{p_{IV}} + 2\, lg\, K_{p_I} .$$

Unter Berücksichtigung von (7) folgt

$$lg\, p_{O_2} = lg\, K_{p_{III}} - 2\, lg\, K_{p_{II}} + 2\, lg\, K_{p_I}$$
$$lg\, p_{O_2} = -11{,}37 + 0{,}82 - 1{,}00 = -11{,}55$$
$$p_{O_2} = 10^{-11{,}55}\ \text{Atm} = 2{,}82 \cdot 10^{-12}\ \text{Atm}.$$

Lösung 48. Wenn es sich um eine unverzögerte Wandreaktion handelt, dann zerfallen diejenigen Molekeln, die durch Adsorption an der Wand für den Zerfall aktiviert worden sind. Die Anzahl x dieser Molekeln ergibt sich aus der *Langmuir*schen Isotherme zu

$$x = \frac{a\, p}{p + b} ,$$

wenn p den Druck, a und b zwei Konstanten bedeuten. Als Reaktionsgeschwindigkeit definiert man zweckmäßig die zeitliche Druckabnahme des Phosphins. Dann ist, wenn c eine weitere Konstante ist,

$$-\frac{dp}{dt} = c\,x = \frac{ac\,p}{p+b} = \frac{kp}{p+b}\,.$$

Durch Integration folgt hieraus, wenn p_0 den Druck zur Zeit $t = 0$, p_1 den Druck zur Zeit t_1 bedeuten,

$$dt = -\frac{p+b}{kp}\,dp = -\frac{1}{k}\,dp - \frac{b}{k}\frac{dp}{p}$$

$$\int_0^{t_1} dt = t_1 = -\int_{p_0}^{p_1}\left(\frac{1}{k} + \frac{b}{k}\cdot\frac{1}{p}\right)dp$$

$$= -\frac{1}{k}\left(p_1 - p_0\right) - \frac{b}{k}\left(ln\,p_1 - ln\,p_0\right).$$

Durch Umformung erhält man weiter

$$\frac{p_1 - p_0}{t_1} = -k - b\,\frac{ln\,p_1 - ln\,p_0}{t_1}$$

$$\frac{p_1 - p_0}{t_1} = -k - 2{,}30\,b\,\frac{lg\,p_1 - lg\,p_0}{t_1}\,.$$

Nennt man nun $\frac{p_1 - p_0}{t_1} \equiv y$, $\frac{lg\,p_1 - lg\,p_0}{t_1} \equiv x$ und $2{,}30\,b = B$, so folgt $y = -k - B\,x$.

Trägt man also in einem Koordinatensystem die Werte $\frac{p_1 - p_0}{t_1}$ gegen $\frac{lg\,p_1 - lg\,p_0}{t_1}$ auf, so muß durch die eingetragenen Punkte eine gerade Linie hindurchgelegt werden können, falls die gemachten Voraussetzungen zutreffen.

t	p	$lg\,p$	x	y
0	20,2	1,3054		
30	14,8	1,1703	$-4{,}50 \cdot 10^{-3}$	$-0{,}180$
60	10,3	1,0128	$-4{,}88 \cdot 10^{-3}$	$-0{,}165$
90	6,9	0,8388	$-5{,}19 \cdot 10^{-3}$	$-0{,}148$
120	4,3	0,6335	$-5{,}60 \cdot 10^{-3}$	$-0{,}133$
150	2,6	0,4150	$-5{,}93 \cdot 10^{-3}$	$-0{,}117$

Man überzeuge sich davon, daß die in der Tabelle angegebenen x- und y-Werte eine gerade Linie festlegen.

Man überzeuge sich ferner, daß die Konstanten k und B positive Zahlen sind, wie es auch theoretisch zu erwarten ist.

Lösung 49. Beim *Deacon*-Prozeß ist die Größe Φ_p gegeben als

$$\Phi_p = \frac{P_{H_2O}^2 \cdot P_{Cl_2}^2}{P_{O_2} \cdot P_{HCl}^4}.$$

Setzt man für die Ausgangspartialdrucke P_i die Ausdrücke $N_i \cdot \frac{RT}{v}$ ein (N_i = Ausgangsmolzahlen), so erhält man

$$\Phi_p = \frac{N_{H_2O}^2 \cdot N_{Cl_2}^2}{N_{O_2} \cdot N_{HCl}^4} \cdot \frac{v}{RT}.$$

Bezeichnet man mit ΣN_i die Summe der Ausgangsmolzahlen, so ist wegen $p = \Sigma N_i \cdot \frac{RT}{v}$ ($p = 1$ Atm)

$$\Phi_p = \frac{\Sigma N_i}{p} \cdot \frac{N_{H_2O}^2 \cdot N_{Cl_2}^2}{N_{O_2} \cdot N_{HCl}^4} = \frac{1}{p} \cdot \frac{X_{H_2O}^2 \cdot X_{Cl_2}^2}{X_{O_2} \cdot X_{HCl}^4},$$

wenn $X_i = \frac{N_i}{\Sigma N_i}$ einen Ausgangsmolenbruch bedeutet.

Ist M_i ein Molekulargewicht, so gilt im vorliegenden Falle

$$N_{H_2O} \cdot M_{H_2O} = N_{Cl_2} \cdot M_{Cl_2} = N_{O_2} \cdot M_{O_2}$$
$$= N_{HCl} \cdot M_{HCl} = 0{,}25 \cdot \Sigma N_i M_i$$

und

$$\Sigma N_i = 0{,}25 \cdot \Sigma N_i M_i \cdot \sum \frac{1}{M_i}.$$

Für einen beliebigen Molenbruch gilt dann

$$X_i = \frac{N_i}{\Sigma N_i} = \frac{0{,}25 \cdot \Sigma N_i M_i}{M_i \cdot 0{,}25 \cdot \Sigma N_i M_i \cdot \sum \frac{1}{M_i}} = \frac{1}{M_i \cdot \sum \frac{1}{M_i}} .$$

Somit hat Φ_p den Wert

$$\Phi_p = \frac{1}{p} \cdot \frac{M_{O_2} \cdot M_{HCl}^4}{M_{H_2O}^2 \cdot M_{Cl_2}^2} \cdot \sum \frac{1}{M_i}$$

$$= \frac{1}{p} \cdot \frac{M_{O_2} \cdot M_{HCl}^4}{M_{H_2O}^2 \cdot M_{Cl_2}^2} \cdot \left(\frac{1}{M_{O_2}} + \frac{1}{M_{HCl}} + \frac{1}{M_{H_2O}} + \frac{1}{M_{Cl_2}} \right) .$$

Nach Einsetzen der Zahlen erhält man $\Phi_p = 4{,}45$. Es herrscht demnach *kein* Gleichgewicht, und es tritt Bildung von H_2O und Cl_2 ein mit der Affinität A_{rev}

$$A_{rev} = RT\,(ln\, \Phi_p - ln\, K_p) = 2{,}303\, RT\,(lg\, \Phi_p - lg\, K_p)$$

$$A_{rev} = 2{,}303 \cdot 1{,}986 \cdot 703\,(lg\, 4{,}45 - lg\, 40{,}8) = -3094\, cal.$$

Lösung 50. Bedeutet a die Anfangskonzentration eines der beiden Ausgangsstoffe und $a - x$ seine Konzentration nach der Zeit t, so ist die Geschwindigkeitskonstante der bimolekularen Reaktion unter der Voraussetzung, daß von äquivalenten Mengen ausgegangen wurde, gegeben als

$$k = \frac{1}{t} \cdot \frac{x}{a\,(a - x)} .$$

Die Gleichgewichtskonstanten der Reaktion bei 70° C und 120° C errechnen sich hiernach zu

$$k_{70} = \frac{1}{5} \cdot \frac{0{,}060}{0{,}284\,(0{,}284 - 0{,}060)} = 0{,}189 \frac{\text{Lit}}{\text{Mol} \cdot \text{min}}$$

und

$$k_{120} = \frac{1}{5} \cdot \frac{0{,}202}{0{,}284\,(0{,}284 - 0{,}202)} = 1{,}73 \frac{\text{Lit}}{\text{Mol} \cdot \text{min}} .$$

Es gilt nun allgemein

$$k = k_m \cdot e^{-\frac{A_E}{RT}} ,$$

daher ist

(1) $$k_{70} = k_m \cdot e^{-\frac{A_E}{RT_1}} ,$$

$$(2) \qquad k_{120} = k_m \cdot e^{-\frac{A_E}{RT_2}}.$$

Dividiert man (1) durch (2), so folgt

$$\frac{k_{70}}{k_{120}} = e^{-\frac{A_E}{R}\left(\frac{1}{T_1} - \frac{1}{T_2}\right)}$$

$$lg\, k_{70} - lg\, k_{120} = -\frac{A_E}{2{,}30\, R}\left(\frac{1}{T_1} - \frac{1}{T_2}\right)$$

$$A_E = \frac{2{,}30\, R\, (lg\, k_{120} - lg\, k_{70})\, T_1\, T_2}{T_2 - T_1}$$

$$= \frac{2{,}30 \cdot 1{,}986 \cdot (lg\, 1{,}73 - lg\, 0{,}189) \cdot 343 \cdot 393}{50}$$

$$A_E = 11{,}85 \cdot 10^3 \text{ cal/Mol}.$$

Setzt man diesen Wert in (1) ein, löst die Gleichung nach k_m auf und logarithmiert sie, so ergibt sich für den Häufigkeitsexponenten

$$lg\, k_m = lg\, k_{70} + \frac{A_E}{2{,}30\, RT_1} = lg\, 0{,}189 + \frac{11{,}85 \cdot 10^3}{2{,}30 \cdot 1{,}986 \cdot 343}$$

$$lg\, k_m = 6{,}84.$$

Lösung 51. Die elektrolytische Leitfähigkeit $\varkappa$ eines festen Körpers wird durch die Temperaturfunktion

$$\varkappa = A\, e^{-\frac{Q}{RT}}$$

gegeben. Dabei bedeuten A eine Konstante und Q die Gitterablösungsarbeit. Da die Stromstärke der Leitfähigkeit proportional ist, gilt entsprechend

$$(1) \qquad i = a\, e^{-\frac{Q}{RT}}.$$

Die Stromstärke kann dabei in Skalenteilen des Galvanometerausschlages gemessen werden, wenn der letztere proportional der Stromstärke ist.

Logarithmiert man Gleichung (1) und schreibt sie für zwei verschiedene Temperatur- und Stromstärkewerte an, so erhält man

$$(2) \qquad lg\, i_1 = lg\, a - \frac{Q}{2{,}30\, RT_1}$$

$$(3) \qquad lg\, i_2 = lg\, a - \frac{Q}{2{,}30\, RT_2}.$$

Subtrahiert man (3) von (2), so folgt

$$lg\, i_1 - lg\, i_2 = \frac{Q}{2{,}30\, R}\left(\frac{1}{T_2} - \frac{1}{T_1}\right) = \frac{Q}{2{,}30\, R} \cdot \frac{(T_1 - T_2)}{T_1\, T_2}$$

$$Q = \frac{2{,}30\, R\, (lg\, i_1 - lg\, i_2)\, T_1\, T_2}{T_1 - T_2}.$$

Mit den in der Tabelle für z. B. $t_1 = 512°$ C und $t_2 = 421°$ C angegebenen *i*-Werten erhält man

$$Q = \frac{2{,}30 \cdot 1{,}986\, (lg\, 125 - lg\, 15) \cdot 785 \cdot 694}{91} = 25{,}2 \cdot 10^3 \,\text{cal/Mol}.$$

Lösung 52. Für die Dissoziation der Indikatoren gilt, wenn [Ind] und [Ind⁻] die Konzentrationen an undissoziiertem Indikator und negativem Indikatorion bedeuten,

$$\frac{[H^+] \cdot [\text{Ind}^-]}{[\text{Ind}]} = k = \frac{[H^+] \cdot \alpha}{1 - \alpha}$$

Durch Logarithmieren der Gleichung erhält man

$$lg\, k = lg\, [H^+] + lg\, \frac{\alpha}{1 - \alpha}$$

$$-lg\, [H^+] \equiv p_H = -lg\, k + lg\, \frac{\alpha}{1 - \alpha}.$$

Liegt der Indikator je zur Hälfte in der sauren und basischen Form vor, so ist $\alpha = 0{,}5$ und damit

$$p_{H^{1/2}} = -lg\, k + lg\, \frac{0{,}5}{0{,}5} = -lg\, k.$$

$p_{H^{1/2}}$ ist die sogenannte Halbwertsstufe. So erhält man die Gleichung

$$p_H = p_{H^{1/2}} + lg\, \frac{\alpha}{1 - \alpha}.$$

Für zwei Indikatoren in der gleichen Lösung gilt

$$p^{\mathrm{I}}_{H^{1/2}} + lg\, \frac{\alpha_{\mathrm{I}}}{1 - \alpha_{\mathrm{I}}} = p^{\mathrm{II}}_{H^{1/2}} + lg\, \frac{\alpha_{\mathrm{II}}}{1 - \alpha_{\mathrm{II}}}$$

$$p^{\mathrm{II}}_{\mathrm{H}^{1/2}} = p^{\mathrm{I}}_{\mathrm{H}^{1/2}} + lg\,\frac{\alpha_{\mathrm{I}}}{1-\alpha_{\mathrm{I}}} - lg\,\frac{\alpha_{\mathrm{II}}}{1-\alpha_{\mathrm{II}}}\,.$$

Setzt man die Zahlenwerte ein, so erhält man für die Halbwertsstufe von Phenolrot:

$$p^{\mathrm{II}}_{\mathrm{H}^{1/2}} = 7{,}07 + lg\,\frac{60}{40} - lg\,\frac{24}{76} = 7{,}75\,.$$

Die Dissoziationskonstante ist

$$k = 10^{-p^{\mathrm{II}}_{\mathrm{H}^{1/2}}} = 10^{-7{,}75} = 10^{0{,}25} \cdot 10^{-8} = 1{,}78 \cdot 10^{-8}\ \text{Mol/Lit.}$$

Lösung 53. Zur Erzielung gleicher Extinktionen E muß bei zwei verschiedenen Lösungen die Gleichung

$$E = lg\,\frac{I_0}{I} = m_1\,d_1 = \varepsilon_1\,c_1\,d_1 = \varepsilon\,c\,d = m\,d$$

erfüllt sein. c und c_1 sind die molaren Konzentrationen, ε und ε_1 die molaren Extinktionskoeffizienten, m und m_1 die Extinktionsmoduln, d und d_1 die Schichtdicken. Bei gleichen Schichtdicken ist

$$m = m_1 = \varepsilon_1\,c_1\,,$$

und daher hat die Graulösung einen Wert m

$$m = 11{,}2 \cdot 10^3 \cdot 4{,}46 \cdot 10^{-5} = 0{,}50\ \mathrm{cm}^{-1}\,.$$

Bei der Einstellung auf gleiche Extinktion ist also unter Verwendung dieser Graulösung stets

$$c_1 = \frac{0{,}5\,d}{\varepsilon_1\,d_1}\ \frac{\text{Mole Fe}}{\text{Lit.}}$$

oder

$$c_1 = \frac{55{,}84 \cdot 10^3 \cdot 0{,}5\,d}{11{,}2 \cdot 10^3\,d_1}\ \frac{\text{mg Fe}}{\text{Lit}}\,.$$

Soll d zahlenmäßig gleich c_1 sein, so muß

$$\frac{55{,}84 \cdot 10^3 \cdot 0{,}5}{11{,}2 \cdot 10^3 \cdot d_1} = 1$$

sein. Daraus folgt

$$d_1 = \frac{55{,}84 \cdot 10^3 \cdot 0{,}5}{11{,}2 \cdot 10^3} = 2{,}49\ \text{mm.}$$

Lösung 54. 1 mg Silber ist die Masse von $\frac{N}{M} \cdot 10^{-3}$ Atomen, wenn M das Atomgewicht des Silbers und $N = 6{,}02 \cdot 10^{23}$ die Zahl der Atome pro Mol ist. Es entsprechen demnach einem mg Silber

$$\frac{6{,}02 \cdot 10^{23} \cdot 10^{-3}}{107{,}88} = 5{,}58 \cdot 10^{18} \text{ Atome}.$$

Bei einer Quantenausbeute von 80% sind zur Erzeugung dieser Atomanzahl

$$\frac{5{,}58 \cdot 10^{18}}{0.80} = 6{,}98 \cdot 10^{18}$$

Lichtquanten erforderlich.

Die Energie e eines Lichtquants der Wellenlänge $\lambda = 400$ nm ist, wenn c die Lichtgeschwindigkeit und h das *Planck*sche Wirkungsquantum bedeuten,

$$e = \frac{hc}{\lambda} = \frac{6{,}62 \cdot 10^{-27} \cdot 3 \cdot 10^{10}}{4 \cdot 10^{-5}} = 4{,}97 \cdot 10^{-12} \text{ erg}.$$

Die Gesamtenergie des absorbierten Lichtes muß daher den Wert

$$E = 6{,}98 \cdot 10^{18} \cdot 4{,}97 \cdot 10^{-12} \text{ erg}$$

oder

$$E = \frac{6{,}98 \cdot 4{,}97 \cdot 10^{6}}{4{,}186 \cdot 10^{7}} = 0{,}829 \text{ cal}$$

haben, Die Intensität I des Lichtes ist somit bei einer belichteten Fläche F

$$I = \frac{E}{F \cdot t} = \frac{0{,}829}{9 \cdot 12 \cdot 0{,}1} = 0{,}0768 \frac{\text{cal}}{\text{cm}^2 \text{ sek.}}$$

Lösung 55. Das Reziprozitätsgesetz ist dann erfüllt, wenn zur Erzielung der gleichen Schwärzung $S = lg \frac{I_0}{I}$ stets derselbe Wert $it = \text{const.}$ benötigt wird. Bei Abweichungen von diesem Gesetz ist nach *Schwarzschild* $it^p = \text{const.}$ (p = Schwarzschildexponent). Ferner ist bei konstanter Beleuchtungsstärke der Verlauf der Schwärzungskurve $S = f\,(lg\,t)$ ein s-förmiger, die Kurve besitzt im mittleren Teil ein geradliniges Stück, wie es nebenstehende Figur schematisch zeigt.

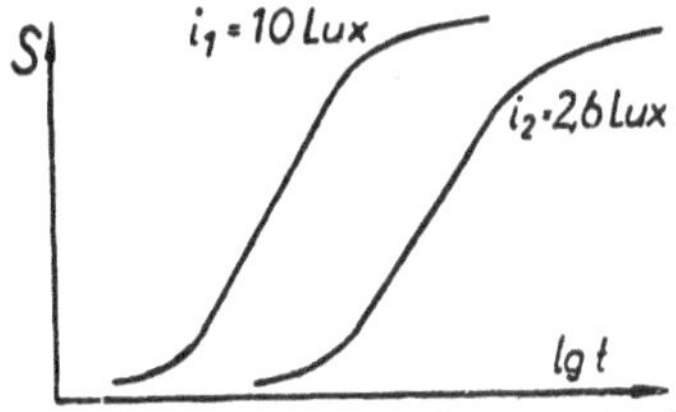

Für zwei verschiedene Beleuchtungsstärken und Belichtungszeiten folgt aus der Gleichung $i t^p = \text{const.}$

$$i_1 t_1^p = i_2 t_2^p$$

$$lg\, i_1 + p\, lg\, t_1 = lg\, i_2 + p\, lg\, t_2$$

$$p = \frac{lg\, i_2 - lg\, i_1}{lg\, t_1 - lg\, t_2}.$$

Dabei müssen die Wertepaare i_1, t_1 und i_2, t_2 so gewählt sein, daß sie zu gleichen Schwärzungen gehören. $p = 1$ bedeutet die Gültigkeit des Reziprozitätsgesetzes

Zunächst berechnen wir die Schwärzungen. Es ist z. B. für $i = 10$ Lux und $t = 1/5$ Sek. der Schwärzungswert:

$$S = lg \frac{I_0}{I} = lg \frac{1}{\frac{I}{I_0}} = -lg \frac{I}{I_0}$$

$$S = -lg\, 0{,}0295 = -(0{,}470 - 2) = 1{,}53\,.$$

In entsprechender Weise findet man die Werte, die in der nachstehenden Tabelle zusammengestellt sind.

Beleuchtungsstärke Lux	10	t sek	$^1/_5$	$^1/_{10}$	$^1/_{20}$
		S	1,53	1,24	0,95
	2,6	t sek	2	1	½
		S	1,84	1,60	1,36

Man erkennt sofort, daß man sich in beiden Fällen auf dem geradlinigen Teil der Schwärzungskurve befindet, bei dem S eine lineare Funktion von $lg\, t$ ist, denn eine Verdoppelung der Belichtungszeit bei gleichbleibender Beleuchtungsstärke bedingt bei 10 Lux stets eine Steigerung von S um den Betrag 0,29, bei 2,6 Lux um 0,24. Daher läßt sich für beide Beleuchtungsstärken diejenige Belichtungszeit ausrechnen, die zu der gleichen Schwärzung (z. B. 1,50) führt. Für $i_1 = 10$ Lux ist diese Zeit t_1 zu berechnen aus der Gleichung

$$1{,}53 - 1{,}50 = a\,(lg\, {}^1/_5 - lg\, t_1)\,,$$

wobei a sich entsprechend aus

$$1{,}53 - 1{,}24 = 0{,}29 = a\left(lg\frac{1}{5} - lg\frac{1}{10}\right)$$

$$a = \frac{0{,}29}{lg\frac{1}{5} - lg\frac{1}{10}} = \frac{0{,}29}{lg\, 2}$$

ergibt. Es ist also

$$0{,}03 = \frac{0{,}29}{lg\, 2}\cdot lg\frac{1}{5} - \frac{0{,}29}{lg\, 2}\cdot lg\, t_1$$

$$lg\, t_1 = \frac{\frac{0{,}29}{lg\, 2}\cdot lg\frac{1}{5} - 0{,}03}{\frac{0{,}29}{lg\, 2}} = lg\frac{1}{5} - \frac{0{,}03}{0{,}29}\, lg\, 2$$

$$lg\, t_1 = -0{,}730$$

Für die Beleuchtungsstärke $i_2 = 2{,}6$ Lux ergibt sich entsprechend

$$lg\, t_2 = lg\, 1 - \frac{0{,}10}{0{,}24}\, lg\, 2$$

$$lg\, t_2 = -0{,}125\,.$$

So folgt schließlich

$$p = \frac{lg\, 2{,}6 - lg\, 10}{-0{,}730 + 0{,}125} = \frac{-0{,}585}{-0{,}605} = 0{,}967\,.$$

Das Reziprozitätsgesetz ist also nicht genau erfüllt.

SAMMLUNG GÖSCHEN

GESAMTVERZEICHNIS

Jeder Band DM 3,60 · Doppelband DM 5,80
Dreifachband DM 7,80

Herbst 1966

WALTER DE GRUYTER & CO · BERLIN 30

Inhaltsübersicht

Geisteswissenschaften

Philosophie

Einführung in die Philosophie von *H. Leisegang †*. 6. Auflage. 146 Seiten. 1966. (281)

Hauptprobleme der Philosophie von *G. Simmel †*. 8., unveränderte Auflage. 177 Seiten. 1964. (500)

Geschichte der Philosophie

I: Die griechische Philosophie von *W. Capelle*. 1. Teil. Von Thales bis Leukippos. 3., erweiterte Auflage. Etwa 135 Seiten. 1966. (857)

II: Die griechische Philosophie von *W. Capelle*. 2. Teil. Von der Sophistik bis zum Tode Platons. 3., stark erweiterte Auflage. Etwa 144 Seiten. 1966. In Vorbereitung (858)

III: Die griechische Philosophie von *W. Capelle*. 3. Teil. Vom Tode Platons bis zur Alten Stoa. 2., stark erweiterte Auflage. 132 Seiten. 1954. (859)

IV: Die griechische Philosophie von *W. Capelle*. 4. Teil. Von der Alten Stoa bis zum Eklektizismus im 1. Jh. v. Chr. 2., stark erweiterte Auflage. 132 Seiten. 1954. (863)

V: Die Philosophie des Mittelalters von *J. Koch*. In Vorbereitung. (826)

VI: Von der Renaissance bis Kant von *K. Schilling*. 234 Seiten. 1954. (394/394a)

VII: Immanuel Kant von *G. Lehmann*. In Vorbereitung. (536)

VIII: Die Philosophie des 19. Jahrhunderts von *G. Lehmann*. 1. Teil. 151 Seiten. 1953. (571)

IX: Die Philosophie des 19. Jahrhunderts von *G. Lehmann*. 2. Teil. 168 Seiten. 1953. (709)

X: Die Philosophie im ersten Drittel des 20. Jahrhunderts 1. Teil von *G. Lehmann*. 128 Seiten. 1957. (845)

XI: Die Philosophie im ersten Drittel des 20. Jahrhunderts 2. Teil von *G. Lehmann*. 114 Seiten. 1960. (850)

Die geistige Situation der Zeit (1931) von *K. Jaspers*. 6. Abdruck der im Sommer 1932 bearbeiteten 5. Auflage. 211 Seiten. 1965. (1000)

Erkenntnistheorie von *G. Kropp*.

1. Teil: Allgemeine Grundlegung. 143 Seiten. 1950. (807)

Formale Logik von *P. Lorenzen*. 3., durchgesehene und erweiterte Auflage. 184 Seiten. 1966. (1176/1176a)

Philosophisches Wörterbuch von *M. Apel †*. 5., völlig neu bearbeitete Auflage von *P. Ludz*. 315 Seiten. 1958. (1031/1031a)

Philosophische Anthropologie. Menschliche Selbstdeutung in Geschichte und Gegenwart von *M. Landmann*. 2., durchgesehene Auflage. 223 Seiten. 1964. (156/156a)

Pädagogik, Psychologie, Soziologie

Geschichte der Pädagogik von *Herm. Weimer* 17. Auflage von *Heinz Weimer*. 184 Seiten. 1967. (145/145a)

Therapeutische Psychologie. Ihr Weg durch die Psychoanalyse von *W. M. Kranefeldt*. Mit einer Einführung von *C. G. Jung*. 3. Auflage. 152 Seiten. 1956. (1034)

Allgemeine Psychologie von *Th. Erismann* †. 4 Bände.
I: Grundprobleme. 3. Auflage. 146 Seiten. 1965. (831)
II: Grundarten des psychischen Geschehens. 2., neubearbeitete Auflage. 248 Seiten. 1959. (832/832a)
III: Experimentelle Psychologie und ihre Grundlagen. 1. Teil. 2., neubearbeitete Auflage. 112 Seiten, 7 Abbildungen. 1962. (833)
IV: Experimentelle Psychologie und ihre Grundlagen. 2. Teil. 2., neubearbeitete Auflage. 199 Seiten, 20 Abbildungen. 1962. (834/834a)

Soziologie. Geschichte und Hauptprobleme von *L. von Wiese*. 7. Auflage. 176 Seiten. 1964. (101)

Ideengeschichte der sozialen Bewegung des 19. und 20. Jh. von *W. Hofmann*. 243 Seiten. 1962. (1205/1205a)

Sozialpsychologie von *P. R. Hofstätter*. 2. Auflage. 191 Seiten, 18 Abbildungen. 1964. (104/104a)

Psychologie des Berufs- und Wirtschaftslebens von *W. Moede* †. 190 Seiten, 48 Abbildungen. 1958. (851/851a)

Industrie- und Betriebssoziologie von *R. Dahrendorf*. 3. Auflage. 142 Seiten. 3 Figuren. 1965. (103)

Wirtschaftssoziologie von *F. Fürstenberg*. 122 Seiten. 1961. (1193)

Einführung in die Sozialethik von *H.-D. Wendland*. 144 S. 1963. (1203)

Religion

Jesus von *M. Dibelius* †. 4. Auflage, mit einem Nachtrag von *W. G. Kümmel*. 140 Seiten. 1966. (1130)

Paulus von *M. Dibelius* †. Nach dem Tode des Verfassers herausgegeben und zu Ende geführt von *W. G. Kümmel*. 3., durchgesehene Auflage. 156 Seiten. 1964. (1160)

Luther von *F. Lau*. 2., verbesserte Auflage. 153 Seiten. 1966 (1187)

Melanchthon von *R. Stupperich*. 139 Seiten. 1960. (1190)

Zwingli von *F. Schmidt-Clausing*. 119 Seiten. 1965. (1219)

Sören Kierkegaard. Leben u. Werk von *H. Gerdes*. 134 Seiten. 1966. (1221)

Einführung in die Konfessionskunde der orthodoxen Kirchen von *K. Onasch*. 291 Seiten. 1962. (1197/1197a)

Geschichte des christlichen Gottesdienstes von *W. Nagel*. 215 Seiten. 1962. (1202/1202a)

Geschichte Israels. Von den Anfängen bis zur Zerstörung des Tempels (70 n.Chr.) von *E. L. Ehrlich*. 2. Aufl. 1966. In Vorbereitung. (231/231a)

Römische Religionsgeschichte von *F. Altheim*. 2 Bände. 2., umgearbeitete Auflage.
I: Grundlagen und Grundbegriffe. 116 Seiten. 1956. (1035)
II: Der geschichtliche Ablauf. 164 Seiten. 1956. (1052)

Die Religion des Buddhismus von *D. Schlingloff*. 2 Bände.
I: Der Heilsweg des Mönchstums. 122 Seiten, 11 Abbildungen, 1 Karte. 1962. (174)
II: Der Heilsweg für die Welt. 129 Seiten, 9 Abbildungen, 1 Karte. 1963. (770)

Musik

Musikästhetik von *H. J. Moser*. 180 Seiten. Mit zahlreichen Notenbeispielen. 1953. (344)

Systematische Modulation von *R. Hernried*. 2. Auflage. 136 Seiten. Mit zahlreichen Notenbeispielen. 1950. (1094)

Der polyphone Satz von *E. Pepping*. 2 Bände.
- I: Der cantus-firmus-Satz. 2. Auflage. 233 Seiten. Mit zahlreichen Notenbeispielen. 1950. (1148)
- II: Übungen im doppelten Kontrapunkt und im Kanon. 137 Seiten. Mit zahlreichen Notenbeispielen. 1957. (1164/1164a)

Allgemeine Musiklehre von *H. J. Moser*. 2., durchgesehene Auflage. 155 Seiten. Mit zahlreichen Notenbeispielen. 1955. (220/220a)

Harmonielehre von *H. J. Moser*. 2 Bände.
- I: 109 Seiten. Mit 120 Notenbeispielen. 1954. (809)
- II: In Vorbereitung. (810)

Die Musik des 19. Jahrhunderts von *W. Oehlmann*. 180 Seiten. 1953. (170)

Die Musik des 20. Jahrhunderts von *W. Oehlmann*. 312 Seiten. 1961. (171/171a)

Technik der deutschen Gesangskunst von *H. J. Moser*. 3., durchgesehene und verbesserte Auflage. 144 Seiten, 5 Figuren sowie Tabellen und Notenbeispiele. 1954. (576/576a)

Die Kunst des Dirigierens von *H. W. von Waltershausen †*. 2., vermehrte Auflage. 138 Seiten. Mit 19 Notenbeispielen. 1954. (1147)

Die Technik des Klavierspiels aus dem Geiste des musikalischen Kunstwerkes von *K. Schubert †*. 3. Auflage. 110 Seiten. Mit Notenbeispielen. 1954. (1045)

Kunst

Stilkunde von *H. Weigert*. 2 Bände. 3., durchgesehene und ergänzte Auflage.
- I: Vorzeit, Antike, Mittelalter. 136 Seiten, 94 Abbildungen. 1958. (80)
- II: Spätmittelalter und Neuzeit. 150 Seiten, 88 Abbildungen. 1958. (781)

Archäologie von *A. Rumpf*. 3 Bände.
- I: Einleitung, historischer Überblick. 143 Seiten, 6 Abbildungen, 12 Tafeln. 1953. (538)
- II: Die Archäologensprache. Die antiken Reproduktionen. 136 Seiten. 7 Abbildungen, 12 Tafeln. 1956. (539)
- III: In Vorbereitung. (540)

Geschichte

Einführung in die Geschichtswissenschaft von *P. Kirn*. 4., durchgesehene Auflage. 127 Seiten. 1963. (270)

Einführung in die Zeitgeschichte von *B. Scheurig*. 101 Seiten. 1962. (1204)

GEISTESWISSENSCHAFTEN

Zeitrechnung der römischen Kaiserzeit, des Mittelalters und der Neuzeit für die Jahre 1—2000 n. Chr. von *H. Lietzmann †*. 3. Auflage, durchgesehen von *K. Aland*. 130 Seiten. 1956. (1085)

Kultur der Urzeit von *F. Behn*. 3 Bände. 4. Auflage der Kultur der Urzeit Bd. 1—3 von *M. Hoernes*.

I: Die vormetallischen Kulturen. (Die Steinzeiten Europas. Gleichartige Kulturen in anderen Erdteilen.) 172 Seiten, 48 Abbildungen. 1950. (564)

II: Die älteren Metallkulturen. (Der Beginn der Metallbenutzung, Kupfer- und Bronzezeit in Europa, im Orient und in Amerika.) 160 Seiten, 67 Abbildungen. 1950. (565)

III: Die jüngeren Metallkulturen. (Das Eisen als Kulturmetall, Hallstatt-Latène-Kultur in Europa. Das erste Auftreten des Eisens in den anderen Weltteilen.) 149 Seiten, 60 Abbildungen. 1950. (566)

Vorgeschichte Europas von *F. Behn*. Völlig neue Bearbeitung der 7. Auflage der „Urgeschichte der Menschheit" von *M. Hoernes*. 125 Seiten, 47 Abbildungen. 1949. (42)

Der Eintritt der Germanen in die Geschichte von *J. Haller †*. 3. Auflage, durchgesehen von *H. Dannenbauer*. 120 Seiten, 6 Kartenskizzen. 1957. (1117)

Von den Karolingern zu den Staufern. Die altdeutsche Kaiserzeit (900—1250) von *J. Haller †*. 4., durchgesehene Auflage von *H. Dannenbauer*. 142 Seiten, 4 Karten. 1958. (1065)

Von den Staufern zu den Habsburgern. Auflösung des Reichs und Emporkommen der Landesstaaten (1250 —1519) von *J. Haller †*. 2., durchgesehene Auflage von *H. Dannenbauer*. 118 Seiten, 6 Kartenskizzen. 1960. (1077)

Deutsche Geschichte im Zeitalter der Reformation, der Gegenreformation und des dreißigjährigen Krieges von *F. Hartung*. 2., durchgesehene Auflage. 128 Seiten. 1963. (1105)

Deutsche Geschichte von 1648—1740. Politischer und geistiger Wiederaufbau von *W. Treue*. 120 Seiten. 1956. (35)

Deutsche Geschichte von 1713—1806. Von der Schaffung des europäischen Gleichgewichts bis zu Napoleons Herrschaft von *W. Treue*. 168 Seiten. 1957. (39)

Deutsche Geschichte von 1806—1890. Vom Ende des alten bis zur Höhe des neuen Reiches von *W. Treue*. 128 Seiten. 1961. (893)

Deutsche Geschichte von 1890 bis zur Gegenwart von *W. Treue*. In Vorbereitung. (894)

Quellenkunde der Deutschen Geschichte im Mittelalter (bis zur Mitte des 15. Jahrhunderts) von *K. Jacob †*. 3 Bände.

I: Einleitung. Allgemeiner Teil. Die Zeit der Karolinger. 6. Auflage, bearbeitet von *H. Hohenleutner*. 127 Seiten. 1959. (279)

II: Die Kaiserzeit (911-1250). 5. Auflage, neubearbeitet von *H. Hohenleutner*. 141 Seiten. 1961. (280)

III: Das Spätmittelalter (vom Interregnum bis 1500). Herausgegeben von *F. Weden*. 152 Seiten. 1952. (284)

Geschichte Englands von *H. Preller.* 2 Bände.
I: bis 1815. 4., stark umgearbeitete Auflage. Etwa 135 Seiten, 7 Stammtafeln, 2 Karten. 1966. Im Druck. (375)
II: Von 1815 bis 1910. 2., völlig umgearbeitete Auflage. 118 Seiten, 1 Stammtafel, 7 Karten. 1954. (1088)

Römische Geschichte von *F. Altheim.* 4 Bände. 2., verbesserte Auflage.
I: Bis zur Schlacht bei Pydna (168 v. Chr.). 124 Seiten. 1956. (19)
II: Bis zur Schlacht bei Actium (31 v. Chr.). 129 Seiten, 1956. (677)
III: Bis zur Schlacht an der Milvischen Brücke (312 n. Chr.). 148 Seiten. 1958. (679)
IV: Bis zur Schlacht am Yarmuk (636 n. Chr.). In Vorbereitung. (684)

Geschichte der Vereinigten Staaten von Amerika von *O. Graf zu Stolberg-Wernigerode.* 192 Seiten, 10 Karten. 1956. (1051/1051a)

Deutsche Sprache und Literatur

Geschichte der Deutschen Sprache von *H. Sperber.* 5., neubearbeitete Auflage von *P. von Polenz.* 136 Seiten. 1966. (915)

Deutsches Rechtschreibungswörterbuch von *M. Gottschald †.* 2., verbesserte Auflage. 269 Seiten. 1953. (200/200a)

Deutsche Wortkunde. Kulturgeschichte des deutschen Wortschatzes von *A. Schirmer.* 5. Auflage von *W. Mitzka.* 125 Seiten. 1965. (929)

Deutsche Sprachlehre von *W. Hofstaetter.* 10. Auflage. Völlige Umarbeitung der 8. Auflage. 150 Seiten. 1960. (20)

Stimmkunde für Beruf, Kunst und Heilzwecke von *H. Biehle.* 111 Seiten. 1955. (60)

Redetechnik. Einführung in die Rhetorik von *H. Biehle.* 2., erweiterte Auflage. 151 Seiten. 1961. (61)

Grundlagen der Sprecherziehung von *J. Jesch* 1966. In Vorbereitung (1122/1122a)

Deutsches Dichten und Denken von der germanischen bis zur staufischen Zeit von *H. Naumann †.* (Deutsche Literaturgeschichte vom 5.—13. Jahrhundert.) 3., verbesserte Auflage. 1966. (1121)

Deutsches Dichten und Denken vom Mittelalter zur Neuzeit von *G. Müller* (1270 bis 1700). 3., durchgesehene Auflage. 159 Seiten. In Vorbereitung. (1086)

Deutsches Dichten und Denken von der Aufklärung bis zum Realismus (Deutsche Literaturgeschichte von 1700—1890) von *K. Viëtor †.* 3., durchgesehene Auflage. 159 Seiten. 1958. (1096)

Deutsche Heldensage von *H. Schneider.* 2. Auflage, bearbeitet von *R. Wisniewski.* 148 Seiten. 1964. (32)

Der Nibelunge Nôt i., Auswahl. Mit kurzem Wörterbuch herausgegeben von *K. Langosch.* 11., durchgesehene Auflage. 166 Seiten. 1966. (1)

Kudrun und Dietrich-Epen in Auswahl mit Wörterbuch von *O. L. Jiriczek.* 6. Auflage, bearbeitet von *R. Wisniewski.* 173 Seiten. 1957. (10)

Wolfram von Eschenbach. Parzifal. Eine Auswahl mit Anmerkungen und Wörterbuch von *H. Jantzen.* 3. Auflage, bearbeitet von *H. Kolb.* 128 Seiten. 1966. (921)

Hartmann von Aue. Der arme Heinrich nebst einer Auswahl aus der „Klage" dem „Gregorius" und den Liedern (mit einem Wörterverzeichnis) herausgegeben von *F. Maurer.* 96 Seiten. 1958. (18)

Gottfried von Straßburg. Tristan und Isolde in Auswahl herausgegeben von *F. Maurer.* 2. Auflage. 142 Seiten. 1965. (22)

Die deutschen Personennamen von *M. Gottschald †.* 2., verbesserte Auflage. 151 Seiten. 1955. (422)

Althochdeutsches Elementarbuch. Grammatik und Texte von *H. Naumann †* und *W. Betz.* 4., verbesserte und vermehrte Auflage. 183 Seiten. 1966. (1111/1111a)

Mittelhochdeutsche Grammatik von *H. de Boor* und *R. Wisniewski.* 4., verbesserte und ergänzte Auflage. 150 Seiten. 1965. (1108)

Indogermanisch, Germanisch

Indogermanische Sprachwissenschaft von *H. Krahe.* 2 Bände.

I: Einleitung und Lautlehre. 5. Auflage. 110 Seiten. 1966. (59)

II: Formenlehre. 4., neubearbeitete Auflage. 100 Seiten. 1963. (64)

Sanskrit-Grammatik mit sprachvergleichenden Erläuterungen von *M. Mayrhofer.* 2., völlig neu bearbeitete Auflage. 110 Seiten. 1965. (1158/1158a)

Altirische Grammatik von *J. Pokorny.* 2. Auflage. In Vorbereitung. (896

Gotisches Elementarbuch. Grammatik. Texte mit Übersetzung und Erläuterungen von *H. Hempel.* 4., neubearbeitete Auflage. 169 Seiten. 1966. (79/79a)

Altnordisches Elementarbuch. Einführung, Grammatik, Texte (zum Teil mit Übersetzung) und Wörterbuch von *F. Ranke.* 3., völlig umgearb. Auflage vo n*D. Hofmann.* Etwa 180 Seiten. 1967. Im Druck. (1115/1115a)

Germanische Sprachwissenschaft von *H. Krahe.* 3 Bände.

I: Einleitung und Lautlehre. 6. Auflage. 147 Seiten. 1966. (238)

II: Formenlehre. 5., verbesserte Auflage. 149 Seiten. 1965. (780)

III: Wortbildungslehre von *W. Meid.* Etwa 240 Seiten. 1966. (1218/1218a/1218b)

Englisch, Romanisch

Altenglisches Elementarbuch. Einführung, Grammatik, Texte mit Übersetzung und Wörterbuch von *M. Lehnert.* 6., verbesserte Auflage. 178 Seiten. 1965. (1125)

Mittelenglisches Elementarbuch von *H. Weinstock.* 1967. In Vorbereitung (1226/1226a)

Historische neuenglische Laut- und Formenlehre von *E. Ekwall.* 4., verbesserte Auflage. 150 Seiten. 1965. (735)

Englische Phonetik von *H. Mutschmann †.* 2. Auflage, bearbeitet von *G. Scherer.* 127 Seiten. 1963. (601)

Englische Literaturgeschichte von *F. Schubel.* 4 Bände.

I: Die alt- und mittelenglische Periode. 163 Seiten. 1954. (1114)

II: Von der Renaissance bis zur Aufklärung. 160 Seiten. 1956. (1116)

III: Romantik und Viktorianismus. 160 Seiten. 1960. (1124)

Beowulf von *M. Lehnert.* Eine Auswahl mit Einführung, teilweiser Übersetzung, Anmerkungen und etymologischem Wörterbuch. 4., verbesserte Auflage. 135 Seiten. 1966. (1135)

Shakespeare von *P. Meißner †.* 2. Auflage, neubearbeitet von *M. Lehnert.* 136 Seiten. 1954. (1142)

Romanische Sprachwissenschaft von *H. Lausberg.* 4 Bände.
I: Einleitung und Vokalismus. 2., durchgesehene Auflage. 211 Seiten. 1963. (128/128a)
II: Konsonantismus. 2. Auflage. 1966. Im Druck. (250)
III: Formenlehre. 1. Teil. 99 Seiten. 1962. (1199)
III: Formenlehre. 2. Teil. S. 99—260. 1962. (1200/1200a)
IV: Wortlehre. In Vorbereitung. (1208)

Griechisch, Lateinisch

Griechische Sprachwissenschaft von *W. Brandenstein.* 3 Bände.
I: Einleitung, Lautsystem, Etymologie. 160 Seiten. 1954. (117)
II: Wortbildung und Formenlehre. 192 Seiten. 1959. (118/118a)
III: Syntax I. Einleitung. Die Flexibilien. 145 Seiten. 1966. (924/924a)

Geschichte der griechischen Sprache. 2 Bände
I: Bis zum Ausgang der klassischen Zeit von *O. Hoffmann †.* 3. Auflage, bearbeitet von *A. Debrunner †.* 156 Seiten. 1953. (111)
II: Grundfragen und Grundzüge des nachklassischen Griechisch von *A. Debrunner †.* 144 Seiten. 1954. (114)

Geschichte der griechischen Literatur von *W. Nestle.* 2 Bände. 3. Auflage, bearbeitet von *W. Liebich.*
I: 144 Seiten. 1961. (70)
II: 149 Seiten. 1963. (557)

Grammatik der neugriechischen Volkssprache von *J. Kalitsunakis.* 3., wesentlich erweiterte und verbesserte Auflage. 196 Seiten. 1963. (756/756a)

Neugriechisch-deutsches Gesprächsbuch von *J. Kalitsunakis.* 2. Auflage, bearbeitet von *A. Steinmetz.* 99 Seiten. 1960. (587)

Geschichte der lateinischen Sprache von *F. Stolz* und *A. Debrunner †.* 4., stark umgearbeitete Auflage von *W. P. Schmid.* 145 Seiten. 1966. (492/492a)

Geschichte der römischen Literatur von *L. Bieler.* 2., verbesserte Auflage. 2 Bände.
I: Die Literatur der Republik. 160 Seiten. 1965. (52)
II: Die Literatur der Kaiserzeit. 133 Seiten. 1965. (866)

Orientalistik, Slavistik

Die Keilschrift von *B. Meissner.* 3. Auflage, neubearbeitet von *K. Oberhuber.* Etwa 150 Seiten. 1966. (708/708a/708b)

Die Hieroglyphen von *A. Erman.* 3. Auflage, neu bearbeitet von *O. Krückmann.* 1966. In Vorbereitung. (608/608a/608b)

Hebräische Grammatik von *R. Meyer*. 3 Bände.
I: Einleitung, Schrift- und Lautlehre. 3., neubearbeitete Auflage. 120 Seiten. 1966. (763/763a/763b)
II: Formenlehre und Flexionstabellen. 3. Auflage. In Vorbereitung. (764/764a/764b)
III: Satzlehre. In Vorbereitung (765/765a/765b)

Hebräisches Textbuch zu *G. Beer-R. Meyer*, Hebräische Grammatik von *R. Meyer*. 170 Seiten. 1960. (769/769a)

Slavische Sprachwissenschaft von *H. Bräuer*. 2 Bände.
I: Einleitung, Lautlehre. 221 Seiten. 1961. (1191/1191a)

Vergleichende Geschichte der slavischen Literaturen von *D. Tschižewskij*. 2 Bände. 1966. In Vorbereitung.
I: Einführung. Anfänge des slavischen Schrifttums bis zum Klassizismus. (1222/1222a)
II: Romantik bis zur Moderne. (1223/1223a)

Russische Grammatik von *E. Berneker †*. 6., verbesserte Auflage von *M. Vasmer †*. 155 Seiten. 1961. (66)

Polnische Grammatik von *N. Damerau*. Etwa 140 Seiten. 1967. (942/942a)

Erd- und Länderkunde, Kartographie

Afrika von *F. Jaeger*. Ein geographischer Überblick. 2 Bände. 3. Auflage.
I: Der Lebensraum. 179 Seiten, 18 Abbildungen. In Vorbereitung. (910)
II: Mensch und Kultur. 155 Seiten, 6 Abbildungen. In Vorbereitung. (911)

Australien und Ozeanien von *H. J. Krug*. 176 Seiten, 46 Skizzen. 1953. (319)

Kartographie von *V. Heissler*. 2. Auflage. 213 Seiten, 125 Abb., 8 Anlagen. 1966. (30/30a)

Volkswirtschaft, Statistik, Publizistik

Allgemeine Betriebswirtschaftslehre von *K. Mellerowicz*. 4 Bände. 11. und 12., durchgesehene Auflage.
I: 224 Seiten. 1964. (1008/1008a)
II: 188 Seiten. 1966. (1153/1153a)
III: 260 Seiten. 1963. (1154/1154a)
IV: 209 Seiten. 1963. (1186/1186a)

Allgemeine Volkswirtschaftslehre von *A. Paulsen*. 4 Bände.
I: Grundlegung, Wirtschaftskreislauf. 7. Auflage. 159 Seiten, 11 Abbildungen. 1966. (1169)
II: Haushalte, Unternehmungen, Marktformen. 7. Auflage. 172 Seiten, 31 Abbildungen. 1966. (1170)
III: Produktionsfaktoren. 5. Auflage. 198 Seiten, 24 Abbildungen. 1966. (1171)
IV: Gesamtbeschäftigung, Konjunkturen, Wachstum. 4., neubearbeitete und ergänzte Auflage. 188 Seiten. 1966. (1172)

Übungsaufgaben mit Lösungen zur Allgemeinen Volkswirtschaftslehre I/II von *A. Paulsen* von *W. Wedig*. Etwa 160 Seiten. 1966. (1227/1227a)

Geschichte der Volkswirtschaftslehre von *S. Wendt*. 182 S. 1961. (1194)

Allgemeine Volkswirtschaftspolitik von *H. Ohm*. 2 Bände.

I: Systematisch-Theoretische Grundlegung. 2., verbesserte und ergänzte Auflage. 137 Seiten, 6 Abbildungen. 1965. (1195)

II: Der volkswirtschaftliche Gesamtorganismus als Objekt der Wirtschaftspolitik. In Vorbereitung. (1196)

Finanzwissenschaft von *H. Kolms*. 4 Bände.

I: Grundlegung, Öffentliche Ausgaben. 3., verbesserte Auflage. 165 Seiten. 1966. (148)

II: Erwerbseinkünfte, Gebühren und Beiträge, Allgemeine Steuerlehre. 3., verbesserte Auflage. 154 Seiten. 1966. (391)

III: Besondere Steuerlehre. 2., verbesserte und ergänzte Auflage. 178 Seiten. 1966. (776/776a)

IV: Öffentlicher Kredit. Öffentlicher Haushalt. Finanzausgleich. 191 Seiten. 1964. (782/782a)

Finanzmathematik von *M. Nicolas*. 192 Seiten, 11 Tafeln, 8 Tabellen und 72 Beispiele. 1959. (1183/1183a)

Programmierung von Datenverarbeitungsanlagen von *H. J. Schneider, D. Jurksch*. Etwa 128 Seiten, 8 Tabellen, 11 Abbildungen. 1967. (1225/1225a)

Lineare Programmierung von *H. Langen*. Etwa 200 Seiten. (1206/1206a)

Buchhaltung und Bilanz von *E. Kosiol*. 170 Seiten. 1964. (1213/1213a)

Industrie- und Betriebssoziologie von *R. Dahrendorf*. 3. Auflage. 142 Seiten, 3 Figuren. 1965. (103)

Wirtschaftssoziologie von *F. Fürstenberg*. 122 Seiten. 1961. (1193)

Psychologie des Berufs- und Wirtschaftslebens von *W. Moede †*. 190 Seiten, 48 Abbildungen. 1958. (851/851a)

Einführung in die Arbeitswissenschaft von *H. H. Hilf*. 169 Seiten, 57 Abbildungen. 1964. (1212/1212a)

Allgemeine Methodenlehre der Statistik von *J. Pfanzagl*. 2 Bände.

I: Elementare Methoden unter besonderer Berücksichtigung der Anwendungen in den Wirtschafts- und Sozialwissenschaften. 3., neubearbeitete Auflage. 266 Seiten, 50 Abbildungen. 1966. (746/746a)

II: Höhere Methoden unter besonderer Berücksichtigung der Anwendungen in Naturwissenschaften, Medizin und Technik. 2., verbesserte Auflage. 315 Seiten, 41 Abbildungen. 1966. (747/747a)

Zeitungslehre von *E. Dovifat*. 2 Bände. 5., neubearbeitete Auflage.

I: Theoretische und rechtliche Grundlagen — Nachricht und Meinung — Sprache und Form. 149 Seiten. 1966. Im Druck. (1039)

II: Redaktion — Die Sparten: Verlag und Vertrieb, Wirtschaft und Technik — Sicherung der öffentlichen Aufgabe. 168 Seiten. 1966. Im Druck. (1040)

Naturwissenschaften

Mathematik

Geschichte der Mathematik von *J. E. Hofmann*. 4 Bände.
I: Von den Anfängen bis zum Auftreten von Fermat und Descartes. 2., verbesserte und vermehrte Auflage. 251 Seiten. 1963. (226/226a)
II: Von Fermat und Descartes bis zur Erfindung des Calculus und bis zum Ausbau der neuen Methoden. 109 Seiten. 1957. (875)
III: Von den Auseinandersetzungen um den Calculus bis zur französischen Revolution. 107 Seiten. 1957. (882)
IV: Geschichte der Mathematik der neuesten Zeit von *N. Stuloff*. In Vorbereitung. (883)

Mathematische Formelsammlung von *F.O. Ringleb*. 8., verbesserte Auflage. Etwa 320 Seiten, 40 Figuren. 1967. (51/51a)

Vierstellige Tafeln und Gegentafeln für logarithmisches und trigonometrisches Rechnen in zwei Farben zusammengestellt von *H. Schubert* und *R. Haussner*. 3., neubearbeitete Auflage von *J. Erlebach*. 158 Seiten. 1960. (81)

Fünfstellige Logarithmen mit mehreren graphischen Rechentafeln und häufig vorkommenden Zahlenwerten von *A. Adler*. 4. Auflage, überarbeitet von *J. Erlebach*. 127 Seiten, 1 Tafel. 1962. (423)

Arithmetik von *P. B. Fischer†*. 3. Auflage von *H. Rohrbach*. 152 Seiten, 19 Abbildungen. 1958. (47)

Höhere Algebra von *H. Hasse*. 2 Bände. 5., neubearbeitete Auflage.
I: Lineare Gleichungen. 150 Seiten. 1963. (931)
II: Gleichungen höheren Grades. 158 Seiten, 5 Figuren. 1966. (932)

Aufgabensammlung zur höheren Algebra von *H. Hasse* und *W. Klobe*. 3., verbesserte Auflage. 183 Seiten. 1961. (1082)

Elementare und klassische Algebra vom modernen Standpunkt von *W. Krull*. 2 Bände.
I: 3., erweiterte Auflage. 148 Seiten. 1963. (930)
II: 132 Seiten. 1959. (933)

Lineare Programmierung von *H. Langen*. Etwa 200 Seiten. (1206/1206a)

Algebraische Kurven und Flächen von *W. Burau*. 2 Bände.
I: Algebraische Kurven der Ebene. 153 Seiten, 28 Abbildungen. 1962. (435)
II: Algebraische Flächen 3. Grades und Raumkurven 3. und 4. Grades. 162 Seiten, 17 Abbildungen. 1962. (436/436a)

Einführung in die Zahlentheorie von *A. Scholz†*. Überarbeitet und herausgegeben von *B. Schoeneberg*. 4. Auflage. 128 Seiten. 1966. (1131)

Formale Logik von *P. Lorenzen*. 3., durchgesehene und erweiterte Auflage. 184 Seiten. 1966. (1176/1176a)

Topologie von *W. Franz*. 2 Bände.
I: Allgemeine Topologie. 2., verbesserte Auflage. 144 Seiten, 9 Figuren. 1965. (1181)
II: Algebraische Topologie. 153 Seiten. 1965. (1182/1182a)

Elemente der Funktionentheorie von *K. Knopp†*. 7. Auflage. 144 Seiten, 23 Figuren. 1966. (1109)

Funktionentheorie von *K. Knopp†*. 2 Bände. 11. Auflage.
I: Grundlagen der allgemeinen Theorie der analytischen Funktionen. 144 Seiten, 8 Figuren. 1965. (668)
II: Anwendungen und Weiterführung der allgemeinen Theorie. 130 Seiten, 7 Figuren. 1965. (703)

Aufgabensammlung zur Funktionentheorie von *K. Knopp†*. 2 Bände.
I: Aufgaben zur elementaren Funktionentheorie. 7. Auflage. 135 Seiten. 1965. (877)
II: Aufgaben zur höheren Funktionentheorie. 6. Auflage. 151 Seiten. 1964. (878)

Differential- und Integralrechnung von *M. Barner*. (Früher *Witting*). 4 Bände.
I: Grenzwertbegriff, Differentialrechnung. 2., durchgesehene Auflage. 176 Seiten, 39 Figuren. 1963. (86)

Gewöhnliche Differentialgleichungen von *G. Hoheisel*. 7., neubearbeitete und erweiterte Auflage. 142 Seiten. 1965. (920/920a)

Partielle Differentialgleichungen von *G. Hoheisel*. 4., durchgesehene Auflage. 128 Seiten. 1960. (1003)

Aufgabensammlung zu den gewöhnlichen und partiellen Differentialgleichungen von *G. Hoheisel*. 4., neubearbeitete Auflage. 153 Seiten. 1964. (1059/1059a)

Integralgleichungen von *G. Hoheisel*. 2., neubearbeitete und erweiterte Auflage. 112 Seiten. 1963. (1099)

Mengenlehre von *E. Kamke*. 5. Auflage. 194 Seiten, 6 Figuren. 1965. (999/999a)

Gruppentheorie von *L. Baumgartner*. 4., erweiterte Auflage. 190 Seiten, 3 Tafeln. 1964. (837/837a)

Ebene und sphärische Trigonometrie von *G. Hessenberg†*. 5. Auflage, durchgesehen von *H. Kneser*. 172 Seiten, 60 Figuren. 1957. (99)

Darstellende Geometrie von *W. Haack*. 3 Bände.
I: Die wichtigsten Darstellungsmethoden. Grund- und Aufriß ebenflächiger Körper. 5. Auflage. 113 Seiten, 120 Abbildungen. 1965. (142)
II: Körper mit krummen Begrenzungsflächen. Kotierte Projektionen. 4., durchgesehene Auflage. 129 Seiten, 86 Abbildungen. 1965. (143)
III: Axonometrie und Perspektive. 3. Auflage. 129 Seiten, 100 Abbildungen. 1965. (144)

Analytische Geometrie von *K. P. Grotemeyer*. 3., neubearbeitete Auflage. 218 Seiten, 73 Abbildungen. 1964. (65/65a)

Nichteuklidische Geometrie. Hyperbolische Geometrie der Ebene von *R. Baldus†*. 4. Auflage, bearbeitet und ergänzt von *F. Löbell*. 158 Seiten, 75 Figuren. 1964. (970/970a)

Differentialgeometrie von *K. Strubecker.* 3 Bände.
I: Kurventheorie der Ebene und des Raumes. 2., erweiterte Auflage. 253 Seiten, 45 Figuren. 1964. (1113/1113a)
II: Theorie der Flächenmetrik. 195 Seiten, 14 Figuren. 1958. (1179/1179a)
III: Theorie der Flächenkrümmung. 254 Seiten, 38 Figuren. 1959. (1180/1180a)

Variationsrechnung von *L. Koschmieder.* 2 Bände. 2., neubearbeitete Auflage.
I: Das freie und gebundene Extrem einfacher Grundintegrale. 128 Seiten, 23 Figuren. 1962. (1074)
II: Anwendung klassischer Verfahren auf allgemeine Fragen des Extrems. — Neuere unmittelbare Verfahren. In Vorbereitung. (1075)

Einführung in die konforme Abbildung von *L. Bieberbach.* 6. Auflage. Etwa 180 Seiten, 42 Figuren. 1966. In Vorbereitung. (768/768a)

Vektoren und Matrizen von *S. Valentiner.* 4. Auflage. (11., erweiterte Auflage der „Vektoranalysis"). Mit Anhang: Aufgaben zur Vektorrechnung von *H. König.* 206 Seiten, 35 Figuren. 1967. (354/354a)

Wahrscheinlichkeitstheorie und Grundzüge der Maßtheorie von *H. Bauer.* 2 Bände.
I: 154 Seiten. 1964. (1216/1216a)
II: In Vorbereitung. (1217)

Versicherungsmathematik von *F. Böhm.* 2 Bände.
I: Elemente der Versicherungsrechnung. 3., vermehrte und verbesserte Auflage. Durchgesehener Neudruck. 151 Seiten. 1953. (180)
II: Lebensversicherungsmathematik. Einführung in die technischen Grundlagen der Sozialversicherung. 2., verbesserte und vermehrte Auflage. 205 Seiten. 1953. (917/917a)

Finanzmathematik von *M. Nicolas.* 192 Seiten, 11 Tafeln, 8 Tabellen und 72 Beispiele. 1959. (1183/1183a)

Kinematik von *H. R. Müller.* 171 Seiten, 75 Figuren. 1963. (584/584a)

Physik

Einführung in die theoretische Physik von *W. Döring.* 5 Bände.
I: Mechanik. 3., verbesserte Aufl. 125 Seiten, 23 Abb. 1965. (76)
II: Das elektromagnetische Feld. 2., verbesserte Auflage. 132 Seiten, 15 Abbildungen. 1962. (77)
III: Optik. 2., verbesserte Auflage. 117 Seiten, 32 Abbildungen. 1963. (78)
IV: Thermodynamik. 2., verbesserte Auflage. 107 Seiten, 9 Abbildungen. 1964. (374)
V: Statistische Mechanik. 2., umgearbeitete Auflage. 117 Seiten, 10 Abbildungen. 1966. (1017)

Mechanik deformierbarer Körper von *M. Päsler.* 199 Seiten, 48 Abbildungen. 1960. (1189/1189a)

Atomphysik von *K. Bechert, Ch. Gerthsen†* und *A. Flammersfeld.* 7 Bände. 4., durchgesehene Auflage.
I: Allgemeine Grundlagen. 1. Teil von *A. Flammersfeld.* 124 Seiten, 35 Abbildungen. 1959. (1009)
II: Allgemeine Grundlagen. 2. Teil von *A. Flammersfeld.* 112 Seiten, 47 Abbildungen. 1963. (1033)
III: Theorie des Atombaus. 1. Teil von *K. Bechert.* 148 Seiten, 16 Abbildungen. 1963. (1123/1123a)
IV: Theorie des Atombaus. 2. Teil von *K. Bechert.* 170 Seiten, 14 Abbildungen. 1963. (1165/1165a)

Differentialgleichungen der Physik von *F. Sauter.* 4., durchgesehene und ergänzte Auflage. 147 Seiten, 16 Figuren. 1966. (1070)

Physikalische Formelsammlung von *G. Mahler. †.* Fortgeführt von *K. Mahler.* Neubearbeitet von *H. Graewe.* 11. Auflage. 167 Seiten, 69 Figuren. 1963. (136)

Physikalische Aufgabensammlung mit Ergebnissen von *G. Mahler †.* Fortgeführt von *K. Mahler.* Neubearbeitet von *H. Graewe.* 12. Auflage. 141 Seiten. 1964. (243)

Chemie

Geschichte der Chemie in kurzgefaßter Darstellung von *G. Lockemann.* 2 Bände. 2. Auflage.
I: Vom Altertum bis zur Entdeckung des Sauerstoffs. 142 Seiten, ‹ Bildnisse. In Vorbereitung. (264)
II: Von der Entdeckung des Sauerstoffs bis zur Gegenwart. 151 Seiten, 16 Bildnisse. In Vorbereitung (265/265a)

Anorganische Chemie von *W. Klemm.* 13. Auflage. 255 Seiten, 34 Abbildungen. 1964. (37/37a)

Organische Chemie von *W. Schlenk jun.* 10., erweiterte Auflage. 273 Seiten, 16 Abbildungen. 1965. (38/38a)

Physikalische Methoden in der Organischen Chemie von *G. Kresze.* 2 Bände.
I: 119 Seiten, 65 Abbildungen. 1962. (44)
II: 164 Seiten. 1962. (45/45a)

Allgemeine und physikalische Chemie von *W. Schulze.* 2 Bände.
I: 6., verbesserte Auflage. 139 Seiten, 10 Figuren. 1964. (71)
II: 6., verbesserte Auflage. 178 Seiten, 37 Figuren. 1966. (698/698a)

Molekülbau. Theoretische Grundlagen und Methoden der Strukturermittlung von *W. Schulze.* 123 Seiten, 43 Figuren. 1958. (786)

Einfache Versuche zur allgemeinen und physikalischen Chemie von *E. Dehn.* 371 Versuche mit 40 Abbildungen. 272 Seiten. 1962. (1201/1201a)

Physikalisch-chemische Rechenaufgaben von *E. Asmus.* 3., verbesserte Auflage. 96 Seiten. 1958. (445)

Maßanalyse. Theorie und Praxis der klassischen und der elektrochemischen Titrierverfahren von *G. Jander* und *K. F. Jahr.* 11., durchgesehene Auflage, mitbearbeitet von *H. Knoll.* 359 Seiten, 56 Figuren. 1966. (221/221a)

Qualitative Analyse von *H. Hofmann* u. *G. Jander*. 2., durchgesehene und verbesserte Auflage. 308 Seiten, 5 Abbildungen. 1963. (247/247 a)

Stöchiometrische Aufgabensammlung von *W. Bahrdt†* und *R. Scheer*. Mit den Ergebnissen. 8., durchgesehene Auflage. 119 Seiten. 1964. (452)

Elektrochemie von *K. Vetter*. 2 Bände.
I: In Vorbereitung. (252)
II: In Vorbereitung. (253)

Geochemie von *K. H. Wedepohl*. 220 Seiten, 26 Abbildungen, 37 Tabellen. 1966. (1224/1224a/1224b)

Kristallchemie von *J. Zemann*. 144 Seiten, 90 Abbildungen. 1966. (1220/1220a)

Technologie

Die Chemie der Kunststoffe von *K. Hamann*, unter Mitarbeit von *W. Funke* und *H. D. Hermann*. 2. Aufl. 143 Seiten. 1966. In Vorbereitung. (1173/1173a)

Warenkunde von *K. Hassak* und *E. Beutel†*. 2 Bände.
I: Anorganische Waren sowie Kohle und Erdöl. 8. Auflage. Neubearbeitet von *A. Kutzelnigg*. 119 Seiten, 18 Figuren. 1958. (222)
II: Organische Waren. 8. Auflage. Vollständig neu bearbeitet von *A. Kutzelnigg*. 157 Seiten, 32 Figuren. 1959. (223)

Die Fette und Öle von *Th. Klug*. 6., verbesserte Auflage. 143 Seiten. 1961. (335)

Die Seifenfabrikation von *K. Braun†*. 3., neubearbeitete und verbesserte Auflage von *Th. Klug*. 116 Seiten, 18 Abbildungen. 1953. (336)

Thermische Verfahrenstechnik von *H. Bock*. 3 Bände.
I: Eigenschaften und Verhalten der realen Stoffe. 184 Seiten, 28 Abbildungen. 1963. (1209/1209a)
II: Funktion und Berechnung der elementaren Geräte. 195 Seiten, 54 Abbildungen. 1964. (1210/1210a)
III: Fließbilder, ihre Funktion und ihr Zusammenbau aus Geräten. 224 Seiten, 67 Abbildungen. 1965. (1211/1211a)

Textilindustrie von *A. Blümcke*.
I: Spinnerei und Zwirnerei. 111 Seiten, 43 Abbildungen. 1954. (184)

Biologie

Einführung in die allgemeine Biologie und ihre philosophischen Grund- und Grenzfragen von *M. Hartmann*. 2., unveränderte Auflage. 132 Seiten, 2 Abbildungen. 1965. (96)

Hormone von *G. Koller*. 2., neubearbeitete und erweiterte Auflage. 187 Seiten, 60 Abbildungen, 19 Tabellen. 1949. (1141)

Fortpflanzung im Tier- und Pflanzenreich von *J. Hämmerling*. 2., ergänzte Auflage. 135 Seiten, 101 Abbildungen. 1951. (1138)

Geschlecht und Geschlechtsbestimmung im Tier- und Pflanzenreich von *M. Hartmann*. 2., verbesserte Auflage. 116 Seiten, 61 Abbildungen, 7 Tabellen. 1951. (1127)

Symbiose der Tiere mit pflanzlichen Mikroorganismen von *P. Buchner*. 2. verbesserte und vermehrte Auflage. 130 Seiten, 121 Abbildungen. 1949. (1128)

Grundriß der allgemeinen Mikrobiologie von *W.* u. *A. Schwartz*. 2 Bände. 2., verbesserte und ergänzte Auflage.
I: 147 Seiten, 25 Abbildungen. 1960. (1155)
II: 142 Seiten, 29 Abbildungen. 1961. (1157)

Botanik

Entwicklungsgeschichte des Pflanzenreiches von *H. Heil*. 2. Auflage. 138 Seiten, 94 Abbildungen, 1 Tabelle. 1950. (1137)

Morphologie der Pflanzen von *L. Geitler*. 3., umgearbeitete Auflage. 126 Seiten, 114 Abbildungen. 1953. (141)

Pflanzengeographie von *L. Diels†*. 5., völlig neu bearbeitete Auflage von *F. Mattick*. 195 Seiten, 2 Karten. 1958. (389/389a)

Die Laubhölzer. Kurzgefaßte Beschreibung der in Mitteleuropa gedeihenden Laubbäume und Sträucher von *F. W. Neger†* und *E. Münch†*. 3., durchgesehene Auflage, herausgegeben von *B. Huber*. 143 Seiten, 63 Figuren, 7 Tabellen. 1950. (718)

Die Nadelhölzer (Koniferen) und übrigen Gymnospermen von *F. W. Neger†* und *E. Münch†*. 4. Auflage, durchgesehen und ergänzt von *B. Huber*. 140 Seiten, 75 Figuren, 4 Tabellen, 3 Karten. 1952. (355)

Pflanzenzüchtung von *H. Kuckuck*. 2 Bände.
I: Grundzüge der Pflanzenzüchtung. 3., völlig umgearbeitete und erweiterte Auflage. 132 Seiten, 22 Abbildungen. 1952. (1134)
II: Spezielle gartenbauliche Pflanzenzüchtung (Züchtung von Gemüse, Obst und Blumen). 178 Seiten, 27 Abbildungen. 1957. (1178/1178a)

Zoologie

Entwicklungsphysiologie der Tiere von *F. Seidel*. 2 Bände.
I: Ei und Furchung. 2. Auflage. Etwa 160 Seiten, 61 Abbildungen. 1966 (1162)
II: Körpergrundgestalt und Organbildung. 2. Auflage. In Vorbereitung (1163)

Vergleichende Physiologie der Tiere von *K. Herter*. 2 Bände. 4. Auflage der „Tierphysiologie".
I: Stoff- und Energiewechsel. Neu bearbeitet von *K. Urich*. 158 Seiten, 61 Abbildungen. 1966. (972/972a)
II: Bewegung und Reizerscheinungen. Neu bearbeitet von *G. Birukow*. In Vorbereitung. (973)

Das Tierreich
I: Einzeller, Protozoen von *E. Reichenow*. 115 Seiten. 59 Abbildungen. 1956. (444)
II: Schwämme und Hohltiere von *H. J. Hannemann*. 95 Seiten, 80 Abbildungen. 1956. (442)

III: Würmer. Platt-, Hohl-, Schnurwürmer, Kamptozoen, Ringelwürmer, Protracheaten, Bärtierchen, Zungenwürmer von *S. Jaeckel*. 114 Seiten, 36 Abbildungen. 1955. (439)
IV, 1: Krebse von *H. E. Gruner* und *K. Deckert*. 114 Seiten, 43 Abbildungen. 1956. (443)
IV, 2: Spinnentiere (Trilobitomorphen, Fühlerlose) und Tausendfüßler von *A. Kaestner*. 96 Seiten, 55 Abbildungen. 1955. (1161)
IV, 3: Insekten von *H. von Lengerken*. 2., neubearbeitete Auflage. 140 Seiten, 59 Abbildungen. 1966. (594)
V: Weichtiere. Urmollusken, Schnecken, Muscheln und Kopffüßer von *S. Jaeckel*. 92 Seiten. 34 Figuren. 1954. (440)
VI: Stachelhäuter. Tentakulaten, Binnenatmer und Pfeilwürmer von *S. Jaeckel*. 100 Seiten, 46 Abbildungen. 1955. (441)
VII, 1: Manteltiere, Schädellose, Rundmäuler von *H. Fechter*. In Vorbereitung. (448)
VII, 2: Fische von *D. Lüdemann*. 130 Seiten, 65 Abbildungen. 1955. (356)
VII, 3: Lurche (Chordatiere) von *K. Herter*. 143 Seiten, 129 Abbildungen. 1955. (847)
VII, 4: Kriechtiere (Chordatiere) von *K. Herter*. 200 Seiten, 142 Abbildungen. 1960. (447/447 a)
VII, 5: Vögel (Chordatiere) von *H.-A. Freye*. 156 Seiten, 69 Figuren. 1960. (869)
VII, 6: Säugetiere (Chordatiere) von *Th. Haltenorth*. In Vorbereitung. (282)

Land- und Forstwirtschaft

Landwirtschaftliche Tierzucht. Die Züchtung und Haltung der landwirtschaftlichen Nutztiere von *H. Vogel*. 139 Seiten, 11 Abbildungen. 1952. (228)

Kulturtechnische Bodenverbesserungen von *O. Fauser*. 2 Bände. 5., verbesserte und vermehrte Auflage.
I: Allgemeines, Entwässerung. 127 Seiten, 49 Abbildungen. 1959. (691)
II: Bewässerung, Ödlandkultur, Flurbereinigung. 159 Seiten, 71 Abbildungen. 1961. (692)

Agrikulturchemie von *K. Scharrer*. 2 Bände.
I: Pflanzenernährung. 143 Seiten. 1953. (329)
II: Futtermittelkunde. 192 Seiten. 1956. (330/330a)

Geologie, Mineralogie, Kristallographie

Geologie von *F. Lotze*. 3., verbesserte Auflage. 179 Seiten, 80 Abbildungen. 1965. (13/13a)

Mineral- und Erzlagerstättenkunde von *H. Huttenlocher †*. 2 Bände. 2., neubearbeitete Auflage von *P. Ramdohr*.
I: 137 Seiten, 40 Abbildungen, 2 Tabellen. 1965. (1014/1014a)
II: 135 Seiten, 41 Abbildungen. 1965. (1015/1015a)

Allgemeine Mineralogie. 11., erweiterte Auflage der „Mineralogie" von *R. Brauns †*, neubearbeitet von *K. F. Chudoba*. 152 Seiten, 143 Textfiguren, 1 Tafel, 3 Tabellen. 1963. (29/29a)

Spezielle Mineralogie. 11., erweiterte Auflage der „Mineralogie" von *R. Brauns †*, bearbeitet von *K. F. Chudoba*. 193 Seiten, 127 Textfiguren, 6 Tabellen. 1964. (31/31a)

Petrographie (Gesteinskunde) von *W. Bruhns †*. Neubearbeitet von *P. Ramdohr*. 6., erweiterte Auflage. 141 Seiten, 21 Figuren. 1966. (173)

Geochemie von *K. H. Wedepohl*. 220 Seiten, 26 Abbildungen, 37 Tabellen. 1966. (1224/1224a/1224b)

Kristallchemie von *J. Zemann*. 144 Seiten, 90 Abbildungen. 1966. (1220/1220a)

Kristallographie von *W. Bruhns †*. 6. Auflage, neubearbeitet von *P. Ramdohr*. 115 Seiten, 164 Abbildungen. 1965. (210)

Einführung in die Kristalloptik von *E. Buchwald*. 5., verbesserte Auflage. 128 Seiten, 117 Figuren. 1963. (619/619a)

Lötrohrprobierkunde. Mineraldiagnose mit Lötrohr und Tüpfelreaktion von *M. Henglein*. 4., durchgesehene und erweiterte Auflage. 108 Seiten, 12 Figuren. 1962. (483)

Technik

Graphische Darstellung in Wissenschaft und Technik von *M. Pirani.* 3., erweiterte Auflage bearbeitet von *J. Fischer* unter Benutzung der von *I. Runge* besorgten 2. Auflage. 216 Seiten, 104 Abbildungen. 1957. (728/728 a)
Technische Tabellen und Formeln von *W. Müller.* 5., verbesserte und erweiterte Auflage von *E. Schulze.* 165 Seiten, 114 Abbildungen, 99 Tafeln. 1962. (579)
Einführung in die Arbeitswissenschaft von *H. H. Hilf.* 164 Seiten, 57 Abbildungen. 1964. (1212/1212 a)
Grundlagen der Straßenverkehrstechnik. Theorie der Leistungsfähigkeit von *E. Engel.* 101 Seiten, 55 Abbildungen. 1962. (1198)

Elektrotechnik

Grundlagen der allgemeinen Elektrotechnik von *O. Mohr.* 3. Auflage. 260 Seiten, 136 Bilder, 14 Tafeln. 1965. (196/196 a)
Die Gleichstrommaschine von *K. Humburg.* 2 Bände. 2., durchgesehene Auflage.
I: 102 Seiten, 59 Abbildungen. 1956. (257)
II: 101 Seiten, 38 Abbildungen. 1956. (881)
Die Synchronmaschine von *W. Putz.* 92 Seiten, 64 Bilder. 1962. (1146)
Induktionsmaschinen von *F. Unger.* 2., erweiterte Auflage. 142 Seiten, 49 Abbildungen. 1954. (1140)
Die komplexe Berechnung von Wechselstromschaltungen von *H. H. Meinke.* 3., neubearb. Aufl. 185 S., 126 Abb. 1965. (1156/1156 a)
Theoretische Grundlagen zur Berechnung der Schaltgeräte von *F. Kesselring.* 4. Auflage. In Vorbereitung. (711/711 a)
Einführung in die Technik selbsttätiger Regelungen von *W. zur Megede.* 3., durchgesehene Aufl. 180 S., 86 Abb. 1966. In Vorb. (714/714 a)
Elektromotorische Antriebe von *W. Meyer.* In Vorbereitung. (827/827 a)
Überspannungen und Überspannungsschutz von *G. Frühauf.* Durchgesehener Neudruck. 122 Seiten, 98 Abbildungen. 1950. (1132)
Elektrische Höchstspannungs-Schaltanlagen. Für Freiluft und Innenanordnung von *G. Meiners* und *K.-H. Wiesenewsky.* 138 Seiten, 58 Abbildungen. 1964. (796/796 a)
Transformatoren von *W. Schäfer.* 4., überarbeitete und ergänzte Auflage. 130 Seiten, 73 Abbildungen. 1962. (952)

Maschinenbau

Thermische Verfahrenstechnik von *H. Bock.* 3 Bände.
I: Eigenschaften und Verhalten der realen Stoffe. 184 Seiten, 28 Abbildungen. 1963. (1209/1209 a)
II: Funktion und Berechnung der elementaren Geräte. 195 Seiten, 54 Abbildungen. 1964. (1210/1210 a)
III: Fließbilder, ihre Funktion und ihr Zusammenbau aus Geräten. 224 Seiten, 67 Abbildungen. 1965. (1211/1211 a)
Technische Thermodynamik von *U. Grigull.* 171 Seiten, 74 Abbildungen. 1966. (1084/1084 a)

Metallkunde von *H. Borchers*. 3 Bände.
I: Aufbau der Metalle und Legierungen. 6. Auflage. 120 Seiten, 90 Abbildungen, 2 Tabellen. 1964. (432)
II: Eigenschaften, Grundzüge der Form- und Zustandsgebung. 5., ergänzte und durchgesehene Auflage. 182 Seiten, 107 Abbildungen, 10 Tabellen. 1963. (433/433a)
III: Die metallkundlichen Untersuchungsmethoden von *E. Hanke*. In Vorbereitung (434)

Die Werkstoffe des Maschinenbaues von *A. Thum †* und *C. M. v. Meysenbug*. 2 Bände.
I: Einführung in die Werkstoffprüfung. 2., neubearbeitete Auflage. 100 Seiten, 7 Tabellen, 56 Abbildungen. 1956. (476)
II: Die Konstruktionswerkstoffe. 132 Seiten, 40 Abbildungen. 1959. (936)

Dynamik von *W. Müller*. 2 Bände. 2., verbesserte Auflage.
I: Dynamik des Einzelkörpers. 128 Seiten, 48 Figuren. 1952. (902)
II: Systeme von starren Körpern. 102 Seiten, 41 Figuren. 1952. (903)

Technische Schwingungslehre von *L. Zipperer*. 2 Bände. 2., neubearbeitete Auflage.
I: Allgemeine Schwingungsgleichungen, einfache Schwinger. 120 Seiten, 101 Abbildungen. 1953. (953)
II: Torsionsschwingungen in Maschinenanlagen. 102 Seiten, 59 Abbildungen. 1955. (961/961a)

Werkzeugmaschinen für Metallbearbeitung von *K. P. Matthes*. 2 Bände.
I: 100 Seiten, 27 Abbildungen, 11 Zahlentafeln, 1 Tafelanhang. 1954. (561)
II: Fertigungstechnische Grundlagen der neuzeitlichen Metallbearbeitung. 101 Seiten, 30 Abbildungen, 5 Tafeln. 1955. (562)

Das Maschinenzeichnen mit Einführung in das Konstruieren von *W. Tochtermann*. 2 Bände. 4. Auflage.
I: Das Maschinenzeichnen. 156 Seiten, 75 Tafeln. 1950. (589)
II: Ausgeführte Konstruktionsbeispiele. 130 Seiten, 58 Tafeln. 1950. (590)

Die Maschinenelemente von *E. A. vom Ende †*. 4., überarbeitete Auflage. 184 Seiten, 179 Figuren, 11 Tafeln. 1963. (3/3a)

Die Maschinen der Eisenhüttenwerke von *L. Engel*. 156 Seiten, 95 Abbildungen. 1957. (583/583a)

Walzwerke von *H. Sedlaczek †* unter Mitarbeit von *F. Fischer* und *M. Buch*. 232 Seiten, 157 Abbildungen. 1958. (580/580a)

Getriebelehre von *P. Grodzinski †*. 2 Bände. 3., neubearbeitete Auflage von *G. Lechner*.
I: Geometrische Grundlagen. 164 S., 131 Fig. 1960. (1061)
II: Angewandte Getriebelehre. In Vorbereitung. (1062)

Kinematik von *H. R. Müller*. 171 Seiten, 75 Figuren. 1963. (584/584a)

Gießereitechnik von *H. Jungbluth*. 2 Bände.
I: Eisengießerei. 126 Seiten, 44 Abbildungen. 1951. (1159)

Die Dampfkessel einschließlich Feuerungen und Hilfseinrichtungen. Physikalische und chemische Grundlagen, Berechnung und Konstruktion, Vorschriften und Beispiele von *W. Marcard*. 3., neubearbeitete Auflage von *G. Beyer*. 2 Bände.
- I: Physikalische und chemische Grundlagen, Wärmelehre, Wärmeübertragung, Verbrennung. 133 Seiten, 35 Bilder, 26 Tabellen. 1964. (9/9a)
- II: Berechnung und Konstruktion. Dampfkessel, Hilfseinrichtungen. Feuerungen, Berechnung. 108 Seiten, 45 Bilder. 1966. (521/521a)

Die Dampfturbinen. Ihre Wirkungsweise, Berechnung und Konstruktion von *C. Zietemann*. 3 Bände.
- I: Theorie der Dampfturbinen. 4. Auflage. 139 Seiten, 48 Abbildungen. 1966. In Vorbereitung. (274)
- II: Die Berechnung der Dampfturbinen und die Konstruktion der Einzelteile. 4., verbesserte Auflage. 132 Seiten, 111 Abbildungen. 1966. In Vorbereitung. (715)
- III: Die Regelung der Dampfturbinen, die Bauarten, Turbinen für Sonderzwecke, Kondensationsanlagen. 3., verbesserte Auflage. 126 Seiten, 90 Abbildungen. 1956. (716)

Verbrennungsmotoren von *W. Endres*. 3 Bände.
- I: Überblick. Motor-Brennstoffe. Verbrennung im Motor allgemein, im Otto- und Diesel-Motor. 153 Seiten, 57 Abbildungen. 1958. (1076/1076a)
- II: Gaswechselvorgang. Aufladen. Leistung, mittl. Druck, Reibung. Wirkungsgrade und Kraftstoffverbrauch. 152 Seiten, 62 Abbildungen. 1966. (1184/1184a)
- III: Die Einzelteile des Verbrennungsmotors. In Vorbereitung. (1185/1185a)

Autogenes Schweißen und Schneiden von *H. Niese*. 5. Auflage, neubearbeitet von *A. Küchler*. 136 Seiten, 71 Figuren. 1953. (499)

Die elektrischen Schweißverfahren von *H. Niese*. 2. Auflage, neubearbeitet von *H. Dienst*. 136 Seiten, 58 Abbildungen. 1955. (1020)

Die Hebezeuge. Entwurf von Winden und Kranen von *G. Tafel*. 2., verbesserte Auflage. 176 Seiten, 230 Figuren. 1954. (414/414a)

Vermessungswesen

Vermessungskunde von *W. Großmann*. 3 Bände.
- I: Stückvermessung und Nivellieren. 12., verbesserte Auflage. 156 Seiten, 122 Figuren. 1965. (468)
- II: Horizontalaufnahmen und ebene Rechnungen. 9., verbesserte Auflage. 136 Seiten, 101 Figuren. 1963. (469)
- III: Trigonometrische und barometrische Höhenmessung. Tachymetrie und Absteckungen. 8., verbesserte Auflage. 140 Seiten, 102 Figuren. 1965. (862)

Kartographie von *V. Heissler*. 2. Auflage. 213 Seiten, 125 Abb., 8 Anlagen. 1966. (30/30a)

Photogrammetrie von *G. Lehmann*. 2., neubearbeitete Auflage. 205 Seiten, 136 Abbildungen. 1966. (1188/1188a)

Wasserbau

Wasserkraftanlagen von *A. Ludin* unter Mitarbeit von *W. Borkenstein.* 2 Bände.
I: Planung, Grundlagen und Grundzüge. 124 Seiten, 60 Abbildungen. 1955. (665)
II: Anordnung und Ausbildung der Hauptbauwerke. 184 Seiten, 91 Abbildungen. 1958. (666/666a)
Verkehrswasserbau von *H. Dehnert.* 3 Bände.
I: Entwurfsgrundlagen, Flußregelungen. 103 Seiten, 53 Abbildungen. 1950. (585)
II: Flußkanalisierung und Schiffahrtskanäle. 94 Seiten, 60 Abbildungen. 1950. (597)
III: Schleusen und Hebewerke. 98 Seiten, 70 Abbildungen. 1950. (1152)
Wehr- und Stauanlagen von *H. Dehnert.* 134 Seiten, 90 Abbildungen. 1952. (965)
Talsperren von *F. Tölke.* 122 Seiten, 70 Abbildungen. 1953. (1044)

Hoch- und Tiefbau

Die wichtigsten Baustoffe des Hoch- und Tiefbaus von *O. Graf †.* 4., verbesserte Auflage. 131 Seiten, 63 Abbildungen. 1953. (984)
Baustoffverarbeitung und Baustellenprüfung des Betons von *A. Kleinlogel.* 2., neubearbeitete und erweiterte Auflage. 126 Seiten, 35 Abbildungen. 1951. (978)
Festigkeitslehre. 2 Bände.
I: Elastizität, Plastizität und Festigkeit der Baustoffe und Bauteile von *W. Gehler †* und *W. Herberg.* Durchgesehener und erweiterter Neudruck. 159 Seiten, 118 Abbildungen. 1952. (1144)
II: Formänderung, Platten, Stabilität und Bruchhypothesen von *W. Herberg* und *N. Dimitrov.* 187 Seiten, 94 Abbildungen. 1955. (1145/1145a)
Grundlagen des Stahlbetonbaues von *A. Troche.* 2., neubearbeitete und erweiterte Auflage. 208 Seiten, 75 Abbildungen, 17 Bemessungstafeln, 20 Rechenbeispiele. 1953. (1078)
Statik der Baukonstruktionen von *A. Teichmann.* 3 Bände.
I: Grundlagen. 101 Seiten, 51 Abbildungen, 8 Formeltafeln. 1956. (119)
II: Statisch bestimmte Stabwerke. 107 Seiten, 52 Abbildungen, 7 Tafeln. 1957. (120)
III: Statisch unbestimmte Systeme. 112 Seiten, 34 Abbildungen, 7 Formeltafeln. 1958. (122)
Fenster, Türen, Tore aus Holz und Metall. Eine Anleitung zu ihrer guten Gestaltung, wirtschaftlichen Bemessung und handwerksgerechten Konstruktion von *W. Wickop †.* 5. Auflage geplant. (1092)

TECHNIK

Heizung und Lüftung von *W. Körting*. 2 Bände. 9., neubearbeitete Auflage.
I: Das Wesen und die Berechnung der Heizungs- und Lüftungsanlagen. 171 Seiten, 29 Abbildungen, 36 Zahlentafeln. 1962. (342/342a)
II: Die Ausführung der Heizungs- und Lüftungsanlagen. 1966. In Vorbereitung. (343)

Industrielle Kraft- und Wärmewirtschaft von *F. A. F. Schmidt* und *A. Beckers*. 167 Seiten, 73 Abbildungen. 1957. (318/318a)

Sammlung Göschen / Bandnummernfolge

1 Langosch, Der Nibelunge Nôt
3/3a v. Ende, Maschinenelemente
9/9a Marcard-Beyer, Dampfkessel I
10 Jiriczek-Wisniewski, Kudrun und Dietrich-Epen
13/13a Lotze, Geologie
18 Maurer, Hartmann von Aue, Der arme Heinrich
19 Altheim, Römische Geschichte I
20 Hofstaetter, Dt. Sprachlehre
22 Maurer, Gottfried von Strassburg
29/29a Brauns-Chudoba, Allgemeine Mineralogie
30/30a Heissler, Kartographie
31/31a Brauns-Chudoba, Spezielle Mineralogie
32 Schneider-Wisniewski, Deutsche Heldensage
35 Treue, Dt. Geschichte von 1648—1740
37/37a Klemm, Anorganische Chemie
38/38a Schlenk, Organische Chemie
39 Treue, Dt. Geschichte von 1713—1806
42 Behn-Hoernes, Vorgeschichte Europas
44 Kresze, Physikalische Methoden in der Organischen Chemie I
45/45a Kresze, Physikalische Methoden in der Organischen Chemie II
47 Fischer-Rohrbach, Arithmetik
51/51a Ringleb, Mathem. Formelsammlung
52 Bieler, Röm. Literaturgesch. I
59 Krahe, Indog. Sprachwiss. I
60 Biehle, Stimmkunde
61 Biehle, Redetechnik
64 Krahe, Indog. Sprachwiss. II
65/65a Grotemeyer, Analyt. Geometrie
66 Berneker-Vasmer, Russische Grammatik
70 Nestle-Liebich, Gesch. d. griechischen Literatur I
71 Schulze, Allgemeine und physikalische Chemie I
76 Döring, Einf. i. d. th. Physik I
77 Döring, Einf. i. d. th. Physik II
78 Döring, Einf. i. d. th. Physik III
79/79a Hempel, Got. Elementarbuch
80 Weigert, Stilkunde I
81 Schubert-Haussner-Erlebach Vierstell. Logarithmentafeln
86 Barner, Differential- u. Integralrechnung I
96 Hartmann, Einf. in die allgem. Biologie

99 Hessenberg-Kneser, Ebene und sphär. Trigonometrie
101 v. Wiese, Soziologie
103 Dahrendorf, Industrie- und Betriebssoziologie
104/104a Hofstätter, Sozialpsychologie
111 Hoffmann-Debrunner,Gesch. der griechischen Sprache I
114 Debrunner, Gesch. der griechischen Sprache II
117 Brandenstein, Griechische Sprachwissenschaft I
118/118a Brandenstein, Griechische Sprachwissenschaft II
119 Teichmann, Statik der Baukonstruktionen I
120 Teichmann, Statik der Baukonstruktionen II
122 Teichmann, Statik der Baukonstruktionen III
128/128a Lausberg, Romanische Sprachwissenschaft I
136 Mahler-Graewe, Physikal. Formelsammlung
141 Geitler, Morphologie der Pflanzen
142 Haack, Darst. Geometrie I
143 Haack, Darst. Geometrie II
144 Haack, Darst. Geometrie III
145/145a Weimer, Gesch. der Pädagogik
148 Kolms, Finanzwissenschaft I
156/156a Landmann, Philosophische Anthropologie
170 Oehlmann, Musik des 19. Jhs.
171/171a Oehlmann, Musik des 20. Jhs.
173 Bruhns-Ramdohr, Petrographie
174 Schlingloff, Religion des Buddhismus I
180 Böhm, Versicherungsmathematik I
184 Blümcke, Textilindustrie I
196/196a Mohr, Grundlagen der allgem. Elektrotechnik
200/200a Gottschald, Dt. Rechtschreibungswörterbuch
210 Bruhns-Ramdohr, Kristallographie
220/220a Moser, Allg. Musiklehre
221/221a Jander-Jahr-Knoll, Maßanalyse
222 Hassak-Beutel-Kutzelnigg, Warenkunde I
223 Hassak-Beutel-Kutzelnigg, Warenkunde II
226/226a Hofmann, Gesch. der Mathematik I
228 Vogel, Landw. Tierzucht
231/231a Ehrlich, Gesch. Israels
238 Krahe, Germ. Sprachwiss. I
243 Mahler-Graewe, Physikal. Aufgabensammlung
247/247a Hofmann-Jander, Qualitative Analyse
250 Lausberg, Romanische Sprachwissenschaft II
252 Vetter, Elektrochemie I
253 Vetter, Elektrochemie II
257 Humburg, Gleichstrommaschine I
264 Lockemann, Gesch. der Chemie I
265/265a Lockemann, Geschichte der Chemie II
270 Kirn, Einführung in die Geschichtswissenschaft
274 Zietemann, Dampfturbinen I
279 Jacob-Hohenleutner, Quellenkunde der deutschen Geschichte I
280 Jacob-Hohenleutner, Quellenkunde der deutschen Geschichte II
281 Leisegang, Einführung in die Philosophie
282 Haltenorth, Säugetiere
284 Jacob-Weden, Quellenkunde der deutschen Geschichte III
318/318a Schmidt-Beckers, Industrielle Kraft- u. Wärmewirtschaft
319 Krug, Australien und Ozeanien
329 Scharrer, Agrikulturchemie I
330/330a Scharrer, Agrikulturchemie II
335 Klug, Fette und Öle
336 Braun-Klug, Seifenfabrikation
342/342a Körting, Heizung und Lüftung I

343 Körting, Heizung und Lüftung II
344 Moser, Musikästhetik
354/354a Valentiner-König, Vektoren und Matrizen
355 Neger-Münch-Huber, Nadelhölzer
356 Lüdemann, Fische
374 Döring, Einf. i. d. th. Physik IV
375 Preller, Geschichte Englands I
389/389a Diels-Mattick, Pflanzengeographie
391 Kolms, Finanzwissenschaft II
394/394a Schilling, Von der Renaissance bis Kant
414/414a Tafel, Hebezeuge
422 Gottschald, Dt. Personennamen
423 Adler-Erlebach, Fünfstellige Logarithmen
432 Borchers, Metallkunde I
433/433a Borchers, Metallkunde II
434 Borchers-Hanke, Metallkunde III
435 Burau, Algebr. Kurven u. Flächen I
436/436a Burau, Algebr. Kurven und Flächen II
439 Jaeckel, Würmer
440 Jaeckel, Weichtiere
441 Jaeckel, Stachelhäuter
442 Hannemann, Schwämme und Hohltiere
443 Gruner-Deckert, Krebse
444 Reichenow, Einzeller
445 Asmus, Physikal.-chem. Rechenaufgaben
447/447a Herter, Kriechtiere
448 Fechter, Manteltiere
452 Bahrdt-Scheer, Stöchiometrische Aufgabensammlung
468 Großmann, Vermessungskunde I
469 Großmann, Vermessungskunde II
476 Thum-Meysenbug, Die Werkstoffe des Maschinenbaues I
483 Henglein, Lötrohrprobierkunde
492/492a Stolz-Debrunner-Schmid Geschichte der lateinischen Sprache
499 Niese-Küchler, Autogenes Schweißen
500 Simmel, Hauptprobleme der Philosophie
521/521a Marcard-Beyer, Dampfkessel II
536 Lehmann, Kant
538 Rumpf, Archäologie I
539 Rumpf, Archäologie II
540 Rumpf, Archäologie III
557 Nestle-Liebich, Gesch. der griech. Literatur II
561 Matthes, Werkzeugmaschinen I
562 Matthes, Werkzeugmaschinen II
564 Behn-Hoernes, Kultur der Urzeit I
565 Behn-Hoernes, Kultur der Urzeit II
566 Behn-Hoernes, Kultur der Urzeit III
571 Lehmann, Philosophie des 19. Jahrhunderts I
576/576a Moser, Gesangskunst
579 Müller-Schulze, Techn. Tabellen
580/580a Sedlaczek-Fischer-Buch, Walzwerke
583/583a Engel, Maschinen der Eisenhüttenwerke
584/584a Müller, Kinematik
585 Dehnert, Verkehrswasserbau I
587 Kalitsunakis-Steinmetz, Neugriech.-dt. Gesprächsbuch
589 Tochtermann, Maschinenzeichnen I
590 Tochtermann, Maschinenzeichnen II
594 v. Lengerken, Insekten
597 Dehnert, Verkehrswasserbau II
601 Mutschmann-Scherer, Engl. Phonetik
608/608a/608b Erman-Krückmann, Hieroglyphen
619/619a Buchwald, Kristalloptik
665 Ludin-Borkenstein, Wasserkraftanlagen I
666/666a Ludin-Borkenstein, Wasserkraftanlagen II

668 Knopp, Funktionentheorie I
677 Altheim, Röm. Geschichte II
679 Altheim, Röm. Geschichte III
684 Altheim, Röm. Geschichte IV
691 Fauser, Kulturtechn. Bodenverbesserungen I
692 Fauser, Kulturtechn. Bodenverbesserungen II
698/698a Schulze, Allgemeine u. physikalische Chemie II
703 Knopp, Funktionentheorie II
708/708a/708b Meissner-Oberhuber, Keilschrift
709 Lehmann, Philosophie des 19. Jahrhunderts II
711/711a Kesselring, Berechnung der Schaltgeräte
714/714a zur Megede, Technik selbsttätiger Regelungen
715 Zietemann, Dampfturbinen II
716 Zietemann, Dampfturbinen III
718 Neger-Münch-Huber, Laubhölzer
728/728a Pirani-Fischer-Runge, Graph. Darstellung in Wissenschaft u. Technik
735 Ekwall, Historische neuengl. Laut- und Formenlehre
746/746a Pfanzagl, Allg. Methodenlehre der Statistik I
747/747a Pfanzagl, Allg. Methodenlehre der Statistik II
756/756a Kalitsunakis, Gramm. d. Neugriech. Volksspr.
763/763a/763b Meyer, Hebräische Grammatik I
764/764a/764b Meyer, Hebräische Grammatik II
765/765a/765b Meyer, Hebräische Grammatik III
768/768a Bieberbach, Einführung in die konforme Abbildung
769/769a Beer-Meyer, Hebräisches Textbuch
770 Schlingloff, Religion des Buddhismus II
776/a Kolms, Finanzwissensch. III
780 Krahe, Germ. Sprachwiss. II
781 Weigert, Stilkunde II
782/782a Kolms, Finanzwissenschaft IV
786 Schulze, Molekülbau
796/796a Meiners-Wiesenewsky, Elektr. Höchstspannungs-Schaltanlagen
807 Kropp, Erkenntnistheorie
809 Moser, Harmonielehre I
810 Moser, Harmonielehre II
826 Koch, Philosophie d. Mittelalters
827/827a Meyer, Elektromotorische Antriebe
831 Erismann, Allg. Psychologie I
832/832a Erismann, Allg. Psychologie II
833 Erismann, Allg. Psychologie III
834/834a Erismann, Allg. Psychologie IV
837/837a Baumgartner, Gruppentheorie
845 Lehmann, Philosophie im ersten Drittel des 20. Jhs. I
847 Herter, Lurche
850 Lehmann, Philosophie im ersten Drittel des 20. Jhs. II
851/851a Moede, Psychologie des Berufs- und Wirtschaftslebens
857 Capelle, Griech. Philosophie I
858 Capelle, Griech. Philos. II
859 Capelle, Griech. Philos. III
862 Großmann, Vermessungskunde III
863 Capelle, Griech. Philos. IV
866 Bieler, Röm. Literaturgeschichte II
869 Freye, Vögel
875 Hofmann, Geschichte der Mathematik II
877 Knopp, Aufgabensammlung zur Funktionentheorie I
878 Knopp, Aufgabensammlung zur Funktionentheorie II
881 Humburg, Gleichstrommaschine II
882 Hofmann, Geschichte der Mathematik III
883 Stuloff, Mathematik der neuesten Zeit
893 Treue, Dt. Geschichte von 1806—1890

894 Treue, Dt. Geschichte von 1890 bis zur Gegenwart
896 Pokorny, Altirische Gramm.
902 Müller, Dynamik I
903 Müller, Dynamik II
910 Jaeger, Afrika I
911 Jaeger, Afrika II
915 Sperber-v. Polenz, Gesch. der Deutschen Sprache
917/917a Böhm, Versicherungsmathematik II
920/920a Hoheisel, Gewöhnliche Differentialgleichungen
921 Jantzen-Kolb, W. v. Eschenbach. Parzival
924/924a Brandenstein, Griechische Sprachwissenschaft III
929 Schirmer-Mitzka, Dt. Wortkunde
930 Krull, Elementare und klassische Algebra I
931 Hasse, Höhere Algebra I
932 Hasse, Höhere Algebra II
933 Krull, Elementare und klassische Algebra II
936 Thum-Meysenbug, Werkstoffe d. Maschinenbaues II
942/942a Damerau, Polnische Grammatik
952 Schäfer, Transformatoren
953 Zipperer, Techn. Schwingungslehre I
961/961a Zipperer, Techn. Schwingungslehre II
965 Dehnert, Wehr- und Stauanlagen
970/970a Baldus-Löbell, Nichteuklidische Geometrie
972/972a Herter-Urich, Vergleichende Physiologie der Tiere I
973 Herter-Birukow, Vergleichende Physiologie der Tiere II
978 Kleinlogel, Baustoffverarbeitung und Baustellenprüfung d. Betons
984 Graf, Baustoffe des Hoch- und Tiefbaues
999/999a Kamke, Mengenlehre
1000 Jaspers, Geistige Situat. der Zeit
1003 Hoheisel, Partielle Differentialgleichung
1008/1008a Mellerowicz, Allgem. Betriebswirtschaftslehre I
1009 Bechert-Gerthsen-Flammersfeld, Atomphysik I
1014/1014a Huttenlocher-Ramdohr, Mineral- und Erzlagerstättenkunde I
1015/1015a Huttenlocher-Ramdohr, Mineral- u. Erzlagerstättenkunde II
1017 Döring, Einf. i. d. th. Physik V
1020 Niese-Dienst, Elektrische Schweißverfahren
1031/1031a Apel-Ludz, Philosophisches Wörterbuch
1033 Bechert-Gerthsen-Flammersfeld, Atomphysik II
1034 Kranefeldt-Jung Therapeutische Psychologie
1035 Altheim, Röm. Religionsgeschichte I
1039 Dovifat, Zeitungslehre I
1040 Dovifat, Zeitungslehre II
1044 Tölke, Talsperren
1045 Schubert. Technik des Klavierspiels
1051/1051a Stolberg-Wernigerode, Gesch. d. Vereinigten Staaten
1052 Altheim, Röm. Religionsgeschichte II
1059/1059a Hoheisel, Aufgabenslg. z. d. gew. u. part. Differentialgleichungen
1061 Grodzinski-Lechner, Getriebelehre I
1062 Grodzinski-Lechner, Getriebelehre II
1065 Haller-Dannenbauer, Von d. Karolingern zu den Staufern
1070 Sauter, Differentialgleichungen der Physik
1074 Koschmieder, Variationsrechnung I
1075 Koschmieder, Variationsrechnung II
1076/1076a Endres, Verbrennungsmotoren I

1077 Haller-Dannenbauer, Von den Staufern zu den Habsburgern
1078 Troche, Stahlbetonbau
1082 Hasse-Klobe, Aufgabensammlung zur höheren Algebra
1034/1084a Grigull, Techn. Thermodynamik
1085 Lietzmann-Aland, Zeitrechnung
1086 Müller, Dt. Dichten und Denken
1088 Preller, Gesch. Englands II
1092 Wickop, Fenster, Türen, Tore
1094 Hernried, System, Modulation
1096 Viëtor, Dt. Dichten und Denken
1099 Hoheisel, Integralgleichungen
1105 Hartung, Dt. Geschichte im Zeitalter der Reformation
1108 de Boor-Wisniewski, Mittelhochdeutsche Grammatik
1109 Knopp, Elemente der Funktionentheorie
1111/1111a Naumann-Betz, Althochdt. Elementarbuch
1113/1113a Strubecker, Differentialgeometrie I
1114 Schubel, Engl. Literaturgeschichte I
1115/1115a Ranke-Hofmann, Altnord. Elementarbuch
1116 Schubel, Engl. Literaturgeschichte II
1117 Haller-Dannenbauer, Eintritt der Germanen in die Geschichte
1121 Naumann, Dt. Dichten u. Denken
1122/1122a Jesch, Sprecherziehung
1123/1123a Bechert-Gerthsen-Flammersfeld, Atomphysik III
1124 Schubel, Engl. Literaturgeschichte III
1125 Lehnert, Altengl. Elementarbuch
1127 Hartmann, Geschlecht u. Geschlechtsbestimmung im Tier- und Pflanzenreich
1128 Buchner, Symbiose d. Tiere
1130 Dibelius-Kümmel, Jesus
1131 Scholz-Schoeneberg, Einführung in die Zahlentheorie
1132 Frühauf, Überspannungen
1134 Kuckuck, Pflanzenzüchtung I
1135 Lehnert, Beowulf
1137 Heil, Entwicklungsgesch. d. Pflanzenreiches
1138 Hämmerling, Fortpflanzung im Tier- und Pflanzenreich
1140 Unger, Induktionsmaschine
1141 Koller, Hormone
1142 Meissner-Lehnert, Shakespeare
1144 Gehler-Herberg, Festigkeitslehre I
1145/1145a Herberg-Dimitrov, Festigkeitslehre II
1146 Putz, Synchronmaschine
1147 v. Waltershausen, Kunst d. Dirigierens
1148 Pepping, Der polyphone Satz I
1152 Dehnert, Verkehrswasserbau III
1153/1153a Mellerowicz, Allgem. Betriebswirtschaftslehre II
1154/1154a Mellerowicz, Allgem. Betriebswirtschaftslehre III
1155 Schwartz, Mikrobiologie I
1156/1156a Meinke, Komplexe Berechnungen v. Wechselstromschaltungen
1157 Schwartz, Mikrobiologie II
1158/1158a Mayrhofer, Sanskrit-Grammatik
1159 Jungbluth, Gießereitechnik I
1160 Dibelius-Kümmel, Paulus
1161 Kaestner, Spinnentiere
1162 Seidel, Entwicklungsphysiologie der Tiere I
1163 Seidel, Entwicklungsphysiologie der Tiere II
1164/1164a Pepping, Der polyphone Satz II

1165/1165a Bechert-Gerthsen-Flammersfeld, Atomphysik IV
1169 Paulsen, Allgemeine Volkswirtschaftslehre I
1170 Paulsen, Allgemeine Volkswirtschaftslehre II
1171 Paulsen, Allgemeine Volkswirtschaftslehre III
1172 Paulsen, Allgemeine Volkswirtschaftslehre IV
1173/1173a Hamann-Funke-Hermann, Chemie der Kunststoffe
1176/1176a Lorenzen, Form. Logik
1178/1178a Kuckuck, Pflanzenzüchtung II
1179/1179a Strubecker, Differentialgeometrie II
1180/1180a Strubecker, Differentialgeometrie III
1181 Franz, Topologie I
1182/1182a Franz, Topologie II
1183/1183a Nicolas, Finanzmathematik
1184/1184a Endres, Verbrennungsmotoren II
1185/1185a Endres, Verbrennungsmotoren III
1186/1186a Mellerowicz, Allgem. Betriebswirtschaftslehre IV
1187 Lau, Luther
1188/1188a Lehmann, Photogrammetrie
1189/1189a Päsler, Mechanik
1190 Stupperich, Melanchthon
1191/1191a Bräuer, Slav. Sprachwissenschaft I
1193 Fürstenberg, Wirtschaftssoziologie
1194 Wendt, Gesch. d. Volkswirtschaftslehre
1195 Ohm Allgem. Volkswirtschaftspolitik I
1196 Ohm, Allgem. Volkswirtschaftspolitik II
1197/1197a Onasch, Einf. in die Konfessionskunde der orthodoxen Kirchen
1198 Engel, Straßenverkehrstechnik
1199 Lausberg, Romanische Sprachwissenschaft III, 1. Teil
1200/1200a Lausberg, Romanische Sprachwissenschaft III, 2. Teil
1201/1201a Dehn, Versuche zur allgem. u. phys. Chemie
1202/1202a Nagel, Gesch. des christl. Gottesdienstes
1203 Wendland, Sozialethik
1204 Scheurig, Zeitgeschichte
1205/1205a Hofmann, Ideengeschichte d. soz. Bewegung
1206/1206a Langen, Lineare Programmierung
1208 Lausberg, Romanische Sprachwissenschaft IV
1209/1209a Bock, Therm. Verfahrenstechnik I
1210/1210a Bock. Therm. Verfahrenstechnik II
1211/1211a Bock, Therm. Verfahrenstechnik III
1212/1212a Hilf, Arbeitswissenschaft
1213/1213a Kosiol, Buchhaltung und Bilanz
1216/1216a Bauer, Wahrscheinlichkeitstheorie I
1217 Bauer, Wahrscheinlichkeitstheorie II
1218/1218a/1218b Meid, Germ. Sprachwiss. III
1219 Schmidt-Clausing, Zwingli
1220/1220a Zemann, Kristallchemie
1221 Gerdes, Kierkegaard
1222/1222a Tschižewskij, Slav. Literaturen I
1223/1223a Tschižewskij, Slav. Literaturen II
1224/1224a/1224b Wedepohl, Geochemie
1225/1225a Schneider-Jurksch, Datenverarbeitungsanlagen
1226/1226a Weinstock, Mittelenglisches Elementarbuch
1227/1227a Wedig, Übungsaufgaben zur Allgem. Volkswirtschaftslehre I/II

Autorenregister

Printed in Germany 150. VIII. 66

FSC
www.fsc.org
MIX
Papier | Fördert gute Waldnutzung
FSC® C083411

Kolibri 360 GmbH
Ferdinand-Jühlke-Straße 7
99095 Erfurt, Deutschland
produktsicherheit@kolibri360.de